东北地区
蔬菜绿色高效生产技术模式

◎ 全国农业技术推广服务中心　组编

中国农业科学技术出版社

图书在版编目（CIP）数据

东北地区蔬菜绿色高效生产技术模式 / 王娟娟，李莉，李衍素主编 .—北京：中国农业科学技术出版社，2018. 10

ISBN 978-7-5116-3848-9

Ⅰ. ①东… Ⅱ. ①王…②李…③李… Ⅲ. ①寒冷地区-蔬菜园艺 Ⅳ. ①S63

中国版本图书馆 CIP 数据核字（2018）第 193105 号

责任编辑 于建慧
责任校对 李向荣

出 版 者 中国农业科学技术出版社
北京市中关村南大街 12 号 邮编：100081
电　　话 (010) 82109708 (编辑室) (010) 82109702 (发行部)
(010) 82109709 (读者服务部)
传　　真 (010) 82109708
网　　址 http://www.castp.cn
经 销 者 各地新华书店
印 刷 者 北京富泰印刷有限责任公司
开　　本 787 mm×1 092 mm 1/16
印　　张 7. 75
字　　数 151 千字
版　　次 2018 年 10 月第 1 版 2018 年 10 月第 1 次印刷
定　　价 30. 00 元

《东北地区蔬菜绿色高效生产技术模式》

主　　编：王娟娟　李　莉　李衍素

副主编：王女华　吕　涛　傅晓杰
张　建　白龙强

编写人员（按姓氏笔画排序）：
于恩晶　马云桥　马家艳
王　颖　王　静　王　鑫
王久春　白　岩　包南帝娜
刘翠翠　吴少刚　邹春蕾
宋铁峰　张青狮　张家旺
张煜杉　尚怀国　赵　勇
姜奇峰　夏国宏　高北林
徐丽丽　梁绍静

编者的话

我国是重要的蔬菜生产和消费大国，蔬菜生产和消费大国产业是农村经济发展的支柱产业，也是关系百姓餐桌食品安全的民生产业。据统计，2016 年，我国蔬菜播种面积 2 200 万公顷，产量 7.98 亿吨，总产值逾 2 万亿元，

蔬菜产业的发展对促进农业增效、农民增收、农村增绿发挥了重要作用。经过多年的发展，蔬菜生产逐步形成了华南与西南热区冬春蔬菜、长江流域冬春蔬菜、黄土高原夏秋蔬菜、云贵高原夏秋蔬菜、北部高纬度夏秋蔬菜、黄淮海与环渤海设施蔬菜等六大优势区域。东北地区属于北部高纬度夏秋蔬菜优势区域，蔬菜播种总面积超过 120 万公顷，总产量超过 6 200 万吨，主要种植茄果类、瓜类、豆类等蔬菜，销往京津、长江中下游、俄罗斯、东北亚等地区近年来东北蔬菜产业发展迅速，为保障当地蔬菜周年供应、平衡夏秋淡季、促进东北经济振兴和农村稳定做出了巨大贡献。

为了有效指导地方蔬菜产业技术的应用与推广，促进地方蔬菜产业健康发展，我们组织了东北地区蔬菜技术推广人员对当地蔬菜主产区绿色高效生产技术模式进行了系统的调查与研究，汇总形成了此书，分区域分作物介绍了蔬菜绿色高效生产技术路线、效益分析、适宜区域、技术依托单位和技术模式图等，以期为各地蔬菜生产者提供全程绿色高效生产技术指导与支撑。

由于资料繁杂，时间紧迫，水平有限，书中对部分区域、部分种类绿色高效生产技术模式并未涉及，也难免出现不妥之处，欢迎广大读者批评指正。

2018 年 6 月

目　录

第一章

东北地区番茄绿色高效生产技术模式

大棚番茄长季绿色高效生产技术模式

一、技术概述

选择无限生长势强、抗逆性强、商品性好和符合目标市场需求的优良品种，采用合理稀植技术，配方施肥，节水灌溉，病虫害绿色防控等综合技术，提高番茄的产量和品质。

二、技术效果

相对于其他种植方式而言，大棚番茄长季栽培，充分发挥了品种产量潜力，减少了播种、育苗、移栽等重复工作，产量高，产期长，生产成本较常规生产低，经济效益水平高。该技术模式既能满足早春当地市场需求，又可兼顾夏秋南销和出口俄罗斯市场。

三、技术路线

（一）品种选择

主要选用优质、丰产、抗病性强、耐低温弱光，符合目标市场需求的大棚促成栽培无限生长型品种，如迪利奥、百利、改良百利、欧盾等。

（二）培育壮苗

大棚番茄长季节栽培一般4月7日播种，苗龄30~35d，生理苗龄4片叶为宜。种子采取温汤浸种消毒和催芽后，采取营养钵或泥炭营养块直播，集约化管理。播种后加盖地膜保湿保温，苗床的温度在20~30℃，70%出苗后将覆盖物去掉，播种后4~6d可以出齐。一叶一心时分苗，装入营养钵内，白天温度控制在22~28℃，夜间温度控制在12~18℃。定植前适当降低床苗温度锻炼秧苗。

（三）定植时期

单层棚定植时间在4月末至5月初，采取多层覆盖及辅助加温措施可提前至3月末或4月初定植，在10月中下旬采收结束。

采用“宽畦双行”定植方式，每亩①施充分腐熟有机肥5 000kg、过磷酸钙25kg，秋深翻20~30cm。定植前20d或3月上中旬扣棚烤地，地化冻后，进行整地做畦，结合整地施入50~60kg三元复合肥，畦宽1.4m，畦上定植双行。畦面覆盖黑色地膜，在定植处用打眼器打孔，株距40cm，定植后浇透水，亩保苗1 800~2 000株。

---

① 1亩≈667m^2。全书同

（四）采取“前控后促”管理措施

定植后 3~4d 浇一次缓苗水，然后进行蹲苗。棚温白天保持 25~30℃，温度控制在不高于 32℃，以免影响花芽分化。夜间 10~15℃，当外界夜温不低于 15℃时，可昼夜通风。尽量不浇水或少浇水，棚温过高或表土过干时，可在棚内喷水，防止烤苗，蹲苗期限 15~20d，之后要及时搭架，番茄第一穗坐果以后进行追肥，第一穗果果实直径达到 1~2cm，每亩每次追施“欣施利”或磷酸二氢钾 5kg，每一穗果追一次肥。进入盛果期后，对肥水需求很大，要增加肥水的次数，促进果实生长。一般根据情况 6~7d 灌一次水，随水滴灌水溶性全肥。

（五）喷花和保果

番茄进入花期每穗开花 3~4 朵时，采用 26mg/L 番茄灵喷花，温度超过 30℃不喷花。每穗留果 4~5 个。

（六）吊蔓整枝

采用单干整枝，留 6 穗果，在花上留 2~3 片叶掐尖，及时吊蔓，以免植株倒伏。

（七）病害防治

1. *早疫病*　用 58%精甲霜灵·锰锌可湿性粉剂、69%烯酰吗啉·锰锌可湿粉500~600 倍液喷雾。

2. *叶霉病*　用 47%春雷·王铜可湿性粉剂、40%氟硅唑乳油 800 倍液、30%宁南·戊唑醇悬浮剂 1 500 倍液喷雾。生物农药用哈赤木霉菌+兰迪多邦+红糖防治叶霉病。

3. *青枯、溃疡等细菌性病害*　用 20%噻菌铜悬浮剂 500~700 倍液喷雾、1%中生菌素水剂、1.8%辛菌胺醋酸盐水剂 1 000~1 200 倍药液喷雾。

4. *灰霉病*　用 50%异菌脲可湿性粉剂、50%嘧菌环胺水分散粒剂 1 000 倍液、40%嘧霉胺悬浮剂 1 200 倍液喷雾防治，7d 喷 1 次，连喷 2~3 次，注意轮换用药。生物农药：用 2.1%丁子·香芹酚水剂稀释 300 倍液、千亿枯草芽孢杆菌每亩施用 15~30g 或寡雄腐霉 7 500~10 000 倍液喷雾。

5. *病毒病*　每亩用 8%宁南霉素水剂 45~60g 喷雾或 5%海岛素水剂 300~500 倍液苗期及定植后初期喷雾处理。

（八）适时采收

采收始期 6 月末至 7 月初，采收末期 10 月中旬。

四、效益分析

（一）经济效益分析

大棚番茄长季栽培亩产量可达到 9 000~10 000kg，售价每千克 2.3 元，亩产值 20 700~23 000 元，亩成本约 6 300 元（种子费 1 600 元，肥药 2 500 元，折旧 1 500 元，水电 400 元，其他 300 元），亩效益 14 400~16 700 元，比常规栽培番茄平均亩增

效5 000元左右。

(二) 生态、社会效益分析

有利于调整优化当地农业种植业结构，发挥蔬菜比较效益优势，提高番茄生产的科技水平和产品的质量，增加出口创汇和促进菜农增收。同时，进一步拉动出口外销蔬菜产业的发展，带动塑料工业、运输业等相关行业的发展，为解决农村剩余劳动力、增加就业门路开辟了新的途径。

五、适宜区域

东北地区设施蔬菜主产区。

六、技术模式

详见表1。

大棚番茄抢早绿色高效生产技术模式

一、技术概况

塑料大棚番茄通过辅助加温进行抢早高密度短程栽培，一年种植两茬，早春供应本地，秋茬南销兼出口，效益显著。

二、技术效果

采取“早—密—短”栽培模式，通过抢早栽培、适度密植、短程栽培，推广应用黄蓝板、防虫网、生物药剂防治等绿色防控技术，在病虫形成危害前结束生产，实现产品最佳化，综合运用温、水、肥科学管理措施，实现农药用量减少60%以上，双茬番茄增产30%以上。节本增效达到15%以上。

三、技术路线

(一) 品种选择

选用优质、丰产、抗病性强、耐低温弱光，符合目标市场需求的大棚促成栽培无限生长型品种，例如光辉201、101、凯德198、荷兰中研898、菲尼尔等。

(二) 培育壮苗

第一茬1月10日播种，定植时苗龄60~70d。采用营养钵育苗，播种深度0.8~

1cm，播种后加盖地膜保湿保温，苗床温度在20~30℃，70%出苗后将覆盖物去掉，播种后4~6d可以出齐。白天温度控制在22~28℃，夜间温度控制在12~18℃。定植前适当降低床苗温度锻炼秧苗。

（三）整地施肥

大棚内起垄，垄距65cm。两茬（一次施底肥）每亩施充分腐熟有机肥80 00kg，化肥每茬每次每亩施过磷酸钙30kg，生物有机肥结合整地每次每亩施入50~60kg。

（四）头茬采取抢早高密度短程栽培

第一茬定植时间3月20日前，5月末始收，6月中旬拉秧，亩保苗3 500株左右，留2~3穗果。第二茬定植时间6月25日，8月中下旬采收，10月末拉秧，亩保苗1 800株左右，留6穗果，垄面覆盖黑色地膜，定植后浇足水。

（五）"早—密—短"栽培模式温、水、肥管理措施

塑料大棚"早—密—短"栽培模式要采取多层覆盖和辅助加温设施，一般情况白天温度为20~25℃，夜间温度不低于8℃为宜，定植后晚上和阴天时的白天都要加温，加温时间在15~20d，外界温度稳定在8℃以上则不需加温。后期温度应控制在不高于32℃。当外界夜温不低于15℃时，可昼夜通风。

第一穗果果实直径达到1~2cm追肥，每次追施磷酸二氢钾5kg/亩，一穗果一次肥。

（六）保花保果

当番茄进入花期，每穗开花3~4朵时，用26mg/L番茄灵喷花，温度超过30℃不喷花。每一穗留果4~5个。

（七）吊蔓整枝

第一茬采用单干整枝，留2穗果，在花上留2~3片叶掐尖，第二茬采用单干整枝，留6穗果，在花上留2~3片叶掐尖，及时吊蔓，以免植株倒伏。

（八）病害防治

1. *早疫病*　用58%精甲霜灵·锰锌可湿性粉剂、69%烯酰吗啉·锰锌可湿粉500~600倍液喷雾。

2. *叶霉病*　用47%春雷·王铜可湿性粉剂、40%氟硅唑乳油800倍液、30%宁南·戊唑醇悬浮剂1 500倍液喷雾。生物农药：用哈赤木霉菌+兰迪多邦+红糖防治叶霉病。

3. *青枯、溃疡等细菌性病害*　用20%噻菌铜悬浮剂500~700倍液喷雾液、1%中生菌素水剂、1.8%辛菌胺醋酸盐水剂1 000~1 200倍药液喷雾。生物农药：用百亿枯草芽孢杆菌50~150g/亩喷雾。

4. *灰霉病*　用50%异菌脲可湿性粉剂、50%嘧菌环胺水分散粒剂1 000倍液、40%嘧霉胺悬浮剂1 200倍液喷雾防治，7d喷1次，连喷2~3次，注意轮换用药。生物农药：用2.1%丁子·香芹酚水剂稀释300倍液、千亿枯草芽孢杆菌15~30g/亩或寡

雄腐霉 7 500~10 000 倍液喷雾。

(九) 适时采收

第一茬采收始期 5 月末至 6 月初，第二茬采收初期 8 月中旬。

四、效益分析

(一) 经济效益分析

第一茬每亩产量可达到 6 000 kg，售价平均每千克 2 元，亩产值 12 000 元，亩成本 6 000 元（种子费 2 500 元、肥药 2 000 元、多层覆盖投入 500 元、辅助加温投入 600 元、生产辅助物资投入 200 元、水电 200 元），亩效益 6 000 元。第二茬每亩产量可达 7 000kg，亩产值 13 000 元左右，亩成本 5 800 元（种子费 1 600 元、肥药 2 000 元、水电 300 元、生产辅助物资投入 400 元、折旧费 1 500 元），亩效益 7 200 元，两茬共计亩效益 13 200 元。

(二) 生态、社会效益分析

利用塑料大棚番茄通过辅助加温，选择适宜品种，一年生产两茬番茄，有效种植面积大，大幅提高土地单位面积产出率，经济效益高。同时用工量的增加能够提高劳动力就业比例，有效促进劳动力转移。通过抢早栽培，能够提高当地淡季蔬菜生产供应量，提高地产果菜自给率 2%以上。

五、适宜区域

适用于黑龙江省西部平原地区保温大棚，大庆部分地区可实现全年不加温两茬生产，其他地区早春需要适当加温。

六、技术模式

详见表 2。

表 1 大棚番茄长季绿色高效生产技术模式

<table>
<tr><td rowspan="2">项目</td><td colspan="3">1月</td><td colspan="3">2月</td><td colspan="3">3月</td><td colspan="3">4月</td><td colspan="3">5月</td><td colspan="3">6月</td><td colspan="3">7月</td><td colspan="3">8月</td><td colspan="3">9月′</td><td colspan="3">10月</td><td colspan="3">11月</td><td colspan="3">12月</td></tr>
<tr><td>上</td><td>中</td><td>下</td><td>上</td><td>中</td><td>下</td><td>上</td><td>中</td><td>下</td><td>上</td><td>中</td><td>下</td><td>上</td><td>中</td><td>下</td><td>上</td><td>中</td><td>下</td><td>上</td><td>中</td><td>下</td><td>上</td><td>中</td><td>下</td><td>上</td><td>中</td><td>下</td><td>上</td><td>中</td><td>下</td><td>上</td><td>中</td><td>下</td><td>上</td><td>中</td><td>下</td></tr>
<tr><td>生育期</td><td colspan="9"></td><td>播种</td><td colspan="2"></td><td>定植</td><td colspan="5"></td><td colspan="11">采 收</td><td colspan="7"></td></tr>
<tr><td>技术路线</td><td colspan="36">1. 品种选择：主要选用优质、丰产、抗病性强、耐低温弱光、符合目标市场需求的大棚促成栽培无限生长型品种，如迪利奥、百利、改良百利、欧盾等
2. 培育壮苗：种子采取温汤浸种消毒和催芽后，采取营养钵或泥炭营养块直播，集约化管理。番茄苗龄 30~35d
3. 定植时期：单层棚定植时间在 4 月末至 5 月初
4. 采用“宽畦双行”定植方式：每亩施充分腐熟有机肥 5 000kg、过磷酸钙 25kg。定植前 20d 或 3 月上中旬扣棚烤地，整地做畦，结合整地施入 50~60kg 三元复合肥，畦宽 1. 4m，畦上定植双行。畦面覆盖黑色地膜，在定植处用打眼器打孔，株距 40cm，亩保苗 1 800~2 000 株
5. 采取“前控后促”管理措施：定植后 3~4d 浇一次缓苗水，然后进行蹲苗。棚温白天保持 25~30℃，温度控制在不高于 32℃，以免影响花芽分化。夜间 10~15℃，当外界夜温不低于 15℃时，可昼夜通风。番茄第一穗坐果以后进行追肥，第一穗果果实直径达到 1~2cm 每亩每次追施“欣施利”或磷酸二氢钾 5kg，每一穗果追一次肥。进入盛果期后，要增加肥水的次数，促进果实生长。一般根据情况 6~7d 灌一次水，随水滴灌水溶性全肥及微量元素，同时进行大放风
6. 喷花和保果。番茄进入花期每穗开花 3~4 朵时，采用 26mg/L 番茄灵喷花，温度超过 30℃不喷花。每穗留果 4~5 个
7. 吊蔓整枝。采用单干整枝，留 6 穗果，在花上留 2~3 片叶掐尖，及时吊蔓，以免植株倒伏
8. 病虫害综合防治</td></tr>
<tr><td>适用范围</td><td colspan="36">东北地区设施蔬菜主产区</td></tr>
<tr><td>经济效益</td><td colspan="36">大棚番茄长季栽培亩产量可达到 9 000~10 000kg，售价每千克 2. 3 元，亩产值 20 700~23 000 元，亩成本约 6 300 元，亩效益 14 400~16 700 元，比常规栽培番茄平均亩增效 5 000 元左右</td></tr>
</table>

表 2　黑龙江省西部平原大棚番茄抢早绿色高效生产技术模式

<table>
<tr><td rowspan="2">项目</td><td colspan="3">8月</td><td colspan="3">9月</td><td colspan="3">10月</td><td colspan="3">11月</td><td colspan="3">12月</td><td colspan="3">1月</td><td colspan="3">2月</td><td colspan="3">3月</td><td colspan="3">4月</td><td colspan="3">5月</td><td colspan="3">6月</td><td colspan="3">7月</td></tr>
<tr><td>上</td><td>中</td><td>下</td><td>上</td><td>中</td><td>下</td><td>上</td><td>中</td><td>下</td><td>上</td><td>中</td><td>下</td><td>上</td><td>中</td><td>下</td><td>上</td><td>中</td><td>下</td><td>上</td><td>中</td><td>下</td><td>上</td><td>中</td><td>下</td><td>上</td><td>中</td><td>下</td><td>上</td><td>中</td><td>下</td><td>上</td><td>中</td><td>下</td><td>上</td><td>中</td><td>下</td></tr>
<tr><td>生育时期</td><td colspan="2">开花坐果</td><td colspan="5">二茬采收</td><td colspan="2">拉秧</td><td colspan="11">休耕期</td><td colspan="2">头茬定植</td><td colspan="2">幼苗期</td><td colspan="4">开花坐果期</td><td colspan="2">头茬采收</td><td>拉秧</td><td>二茬定植</td><td colspan="2">幼苗期</td><td></td></tr>
<tr><td>技术要点</td><td colspan="36">1. 品种选择：选用优质、丰产、抗病性强、耐低温弱光、符合目标市场需求的大棚促成栽培无限生长型品种，如光辉 201、101、凯德 198、荷兰中研 898、菲尼尔等
2. 培育壮苗：第一茬 1 月 10 日播种，定植时日历苗龄 60~70d。采用营养钵育苗，播种深度要求 0.8~1cm，播种后加盖地膜保湿保温，苗床温度 20~30℃，70%出苗后将覆盖物去掉，播种后 4~6d 可以出齐。白天温度控制在 22~28℃，夜间温度控制在 12~18℃。定植前适当降低床苗温度锻炼秧苗
3. 整地施肥：大棚内起垄，垄距 65cm。两茬（一次施底肥）每亩施充分腐熟有机肥 8 000kg，化肥两茬分别施，每次每亩施过磷酸钙 30kg，生物有机肥结合整地每次每亩施入 50~60kg
4. 头茬采取抢早高密度短程栽培：第一茬定植时间 3 月 20 日前，5 月末始收，6 月中旬拉秧，亩保苗 3 500 株左右，留 2~3 穗果。第二茬定植时间 6 月 25 日，8 月中下旬采收，10 月末拉秧，亩保苗 1 800 株左右，留 6 穗果，垄面覆盖黑色地膜，定植后浇足水
5. “早—密—短”栽培模式温、水、肥管理措施：塑料大棚采取多层覆盖和辅助加温设施，一般情况白天温度为 20~25℃，夜间温度不低于 8℃为宜，定植后晚上和阴天时白天都要加温，加温 15~20d，外界温度稳定在 8℃以上则不需加温。后期温度应控制在不高于 32℃。当外界夜温不低于 15℃时，可昼夜通风。第一穗果果实直径达到 1~2cm 追肥，每次追施磷酸二氢钾 5kg/亩，一穗果一次肥
6. 保花保果：当番茄进入花期，每穗开花 3~4 朵时，用 26mg/L 番茄灵喷花，温度超过 30℃不喷花。每一穗留果 4~5 个
7. 吊蔓整枝：第一茬采用单干整枝，留 2 穗果，花上留 2~3 片叶掐尖，第二茬采用单干整枝，留 6 穗果，在花上留 2~3 片叶掐尖，及时吊蔓，以免植株倒伏
8. 病害防治：早疫病：用 58%精甲霜灵・锰锌可湿性粉剂、69%烯酰吗啉・锰锌可湿粉 500~600 倍液喷雾
叶霉病：用 47%春雷・王铜可湿性粉剂、40%氟硅唑乳油 800 倍液、30%宁南・戊唑醇悬浮剂 1 500 倍液喷雾。生物农药：用哈赤木霉菌加兰迪多邦加红糖防治叶霉病
青枯、溃疡等细菌性病害：用 20%噻菌铜悬浮剂 500~700 倍液喷雾液、1%中生菌素水剂、1.8%辛菌胺醋酸盐水剂 1 000~1 200 倍药液喷雾。生物农药：用百亿枯草芽孢杆菌 50~150g/亩喷雾
灰霉病：用 50%异菌脲可湿性粉剂、50%嘧菌环胺水分散粒剂 1 000 倍液、40%嘧霉胺悬浮剂 1 200 倍液喷雾防治，7d 喷一次，连喷 2~3 次，注意轮换用药。生物农药：用 2.1%丁子・香芹酚水剂稀释 300 倍液、千亿枯草芽孢杆菌 15~30g/亩或寡雄腐霉 7 500~10 000 倍液喷雾
9. 适时采收：第一茬采收始期 5 月末 6 月初，第二茬采收初期 8 月中旬</td></tr>
<tr><td>适用范围</td><td colspan="36">适用于黑龙江省西部平原地区保温大棚，大庆部分地区可实现全年不加温实现两茬生产，其他地区早春需要适当加温</td></tr>
<tr><td>经济效益</td><td colspan="36">第一茬每亩产量可达到 6 000kg，售价平均每千克 2 元，亩产值 12 000 元，亩成本 6 000 元（种子费 2 500 元、肥药 2 000 元、多层覆盖投入 500 元、辅助加温投入 600 元、生产辅助物资投入 200 元、水电 200 元），亩效益 6 000 元。第二茬每亩产量可达 7 000kg，亩产值 13 000 元左右，亩成本 5 800 元（种子费 1 600 元、肥药 2 000 元、水电 300 元、生产辅助物资投入 400 元、折旧费 1 500 元），亩效益 7 200 元，两茬共计亩效益 13 200 元</td></tr>
</table>

第二章

东北地区黄瓜
绿色高效生产技术模式

设施黄瓜绿色高效生产技术模式

一、技术概况

黄瓜绿色生产中，推广应用植物绿色天然活性剂、嫁接技术以及物理与化学防治结合的病虫害综合防治方法，重点推广使用黄瓜嫁接（贴接）技术、物理和低残留化学农药结合防治技术，从而有效调控黄瓜生长过程土壤连作障碍、农药残留，保障黄瓜生产安全、农产品质量安全和农业生态环境安全，促进农业增产增效，农民增收。

二、技术效果

植物生长调节剂+黄瓜嫁接+物理、高效低毒低残留化学农药。通过推广应用黄瓜嫁接（贴接）技术，喷施植物生长调节剂，结合物理+喷施低毒农药等绿色生产、防控技术，黄瓜提早下瓜 5~7d，产量提高 8%以上，农药施用量减少 30%~50%，减少投入和用工成本 30%，农产品合格率达 100%。

三、技术路线

选用高产、优质、抗病品种，培育健康壮苗，采取嫁接、土壤改良、物理和化学农药综合防治等措施，提高黄瓜丰产能力，增强黄瓜对病、虫、草害的抵抗力，改善黄瓜的生长环境，避免或减轻黄瓜相关病虫害的发生和蔓延。

（一）品种选择

选用适合吉林省地区栽培的优良、抗病品种，如吉杂 16、春绿 7 号、津优 35 等。

（二）培育壮苗

采用营养钵或穴盘育苗，营养土要求疏松通透，营养齐全，土壤酸碱度中性到微酸性，不能含有对秧苗有害的物质（如除草剂等），不能含有病原菌和害虫。建议使用工厂化生产的配方营养土。

苗期保证土温在 18~25℃，气温保持在 12~24℃，定植前幼苗低温锻炼，大通风，气温保持在 10~18℃。

（三）黄瓜嫁接

早春黄瓜嫁接，增强黄瓜抗逆能力，提高吸肥量，减轻土传病害发生，延长生育期。推广应用贴接法，操作简便、高效，成活率高。

需要准备的设施、工具及药品：小拱棚、遮阳网、地膜、嫁接夹子、薄刀片、酒精棉、镊子、喷壶、百菌清。

砧木长出第 1 片真叶，接穗子叶展开时为嫁接最适时期。嫁接前一天小拱棚地面

喷水，百菌清消毒。用刀片削去砧木1片子叶和生长点，椭圆形切口长0.5cm。接穗在子叶下1~1.5cm处向下斜切1刀，切口为斜面，切口大小应和砧木斜面一致，然后将接穗的斜面紧贴在砧木的切口上，并用嫁接夹固定。嫁接完成后将嫁接苗放入小拱棚内，喷施百菌清药水，苗上覆盖地膜，小拱棚覆盖遮阳网。前三天小拱棚内湿度保持100%，白天温度保持在25~30℃，夜间温度保持在18~22℃。第四天始早晚可少量见光，同时可通过在小拱棚塑料薄膜上少量开孔的方式进行通风，之后逐渐加大通风量。

成活后降低温度以防止徒长，白天温度控制在20~25℃，夜间温度15~20℃。

（四）赤·吲乙·芸薹素内酯调节黄瓜生长

定植后，20 000倍液喷施；结果前，20 000倍液喷施；盛果期，20 000倍液喷施。

（五）及时中耕除草，清洁田园

（六）主要病虫害防治

1. 防虫板诱杀害虫　利用害虫对不同波长、颜色的趋性，在设施内放置黄板、蓝板，对害虫进行诱杀。

2. 高温闷棚　晴朗天气早晨浇透水，封闭大棚，温度达到48~50℃后保持设施密闭2h。能有效防止霜霉病等病害。

3. 防治黄瓜霜霉病　用氟菌·霜霉威800倍液喷施2~3次，间隔期7~14d。

4. 防治黄瓜白粉病　用氟菌·肟菌酯1 000倍液喷施2~3次，间隔期7~14d。

四、效益分析

（一）经济效益分析

黄瓜嫁接、生物调节剂和绿色防控技术的应用，可提高黄瓜产量8%以上，同时降低农药的使用次数，节约农药使用成本和人力成本。按照黄瓜棚室生产平均收益计算每亩可增收1 200元，节省农药成本180元。

（二）生态、社会效益分析

黄瓜绿色高效栽培技术的应用，提高黄瓜的产量，降低农药的用量，同时也减轻农民的工作量，增产增收，给农民带来切实的效益；绿色栽培技术的应用，减少了农药的使用，降低商品农药残留，达到绿色农产品要求，有益于保障食品安全；绿色栽培技术的应用，减轻了农业生产过程中对自然环境的污染，环保意义重大。

五、适宜区域

吉林省地区设施栽培黄瓜产区。

六、技术依托单位

联系单位：吉林省蔬菜花卉科学研究院

联系地址：吉林省长春市净月区千朋路555号
联 系 人：姜奇峰
电子邮箱：jqf_ 2010@163. com

七、技术模式

详见表3。

日光温室黄瓜长季节绿色高效生产技术模式

一、技术概况

在越冬黄瓜生产中采用合理轮作，选用抗逆抗病黄瓜品种、棚室消毒、种子消毒、嫁接育苗、棚室环境因子调控技术、植株调整、采收及病虫害综合防治等技术措施，达到丰产、优质的技术效果，实现黄瓜绿色生产。

二、技术效果

通过实施以上技术措施实现保产、提质、增效，产量与原来模式相当，但减少化学农药使用30%以上，农产品合格率达100%。通过培训和宣传，让农民掌握黄瓜绿色生产技术，提高农民安全生产意识。

三、技术路线

(一) 合理轮作

与番茄、芸豆、茄子、辣椒或叶菜类蔬菜进行倒茬，减少连作障碍。

(二) 选用抗逆抗病黄瓜品种

选用耐低温弱光、抗病、丰产的黄瓜品种，如津绿3、津优35、80-13、中农26、绿园7号、绿园36等。

(三) 棚室消毒

夏季休闲季节采用高温闷棚技术对棚室消毒。

(四) 种子消毒

黄瓜种子可带多种病原菌，在播种前应先对种子进行消毒处理，防止因种子带菌引发病害。可用温汤浸种、药剂消毒等。

1. *温汤浸种*　把种子放入55~60℃热水中烫种15min。此过程要不断搅拌种子，并用温度计测量水温，通过添加热水保证温度维持在55~60℃。

2. 药剂消毒　防治真菌及细菌病害，可用50%多菌灵可湿性粉剂500倍液或0.1%多菌灵盐酸液浸种1h，或用40%甲醛100倍液浸种30min，捞出洗净。防治病毒病，可将种子放入10%磷酸三钠溶液中浸泡20min。

（五）嫁接育苗

嫁接育苗可起到防控土传病害、增加抗逆性、提高产量等作用。

（六）棚室环境因子调控技术

1. 膜下滴灌　采用地膜覆盖、滴灌浇灌，降低空气湿度、减少用工量、减少病害发生。

2. 低温季节补充二氧化碳　低温期温室施用二氧化碳可以显著提高黄瓜光合作用强度，同时对呼吸作用有抑制作用，从而有利于提高黄瓜产量。具体可采用碳酸氢铵加硫酸、液态二氧化碳、二氧化碳颗粒肥及大量施用有机肥等方法进行。采用二氧化碳施肥时应注意：要选择晴天的上午；适当提高棚内温度，不放风。

3. 温度管理　缓苗期要保证较高的温度条件，白天温度保持在25~35℃，夜晚高于15℃。抽蔓期以促根控秧为主，根瓜膨大前一般不浇水施肥，白天温度控制在25~30℃，夜间温度控制在12~17℃。结瓜期温度要采用四段变温管理：上午温度控制在25~30℃，下午20~25℃，上半夜15~18℃，下半夜11~12℃。白天温室内温度超过32℃时开始放风，20℃时闭风，15~17℃时放草帘。

4. 光照管理　随时清洁棚膜，增加透光率。在温室后墙张挂反光幕，增加后部植株光照。随着外界温度不断升高，当最低气温超过8℃时，及时去除草帘等覆盖物，增加透光面。

5. 肥水管理　采收初期每6~7d浇1次水，清水和肥水交替进行；采收盛期每4~5d浇水1次，清水和肥水交替进行。追肥可根据植株长势、土壤特点等情况，选用微生物有机肥、磷酸二铵、硫酸钾等肥料交替进行，每次每亩追10~15kg。叶面肥可选用0.2%磷酸二氢钾或微生物叶面肥。

（七）植株调整

要及时绑蔓、落蔓、打卷须、打侧枝，去病叶、老叶。用尼龙绳或塑料绳吊蔓，按一定旋转方向呈“S”形绑蔓。当株高接近屋面时或高1.6~1.8m时进行落蔓，使龙头始终离地面1.5~1.7m。落蔓前3d最好不要浇水，降低茎蔓的含水量，提高茎蔓韧性。落蔓时先去掉要落下茎蔓部分的叶片，然后将没有叶片的茎蔓按一定方向整齐盘好。落蔓时注意不要将茎蔓碰折或水淹。

（八）采收

根瓜要及时采收，防止坠秧。结瓜初期每2~3d采收1次，结瓜盛期晴天每天采收，阴雨天每2~3d采收1次。采收应在早晨进行，此时瓜条含水量高，肉质鲜嫩。

摘瓜时要轻拿轻放，不要碰掉花冠，不要漏采，及时摘掉畸形瓜。摘下的瓜整齐摆放在内裹塑料袋纸箱内。如果温室较长，为节省体力可在温室后坡处安装轨道式温室运输车，用运输车运送采好的果实。

(九) 病虫害综合防控

优先采用生物防治、生态防治、营养防治、物理防治，科学合理采用化学防治，提高防治效率、减少化学农药使用量。

1. 生物防治　利用丽蚜小蜂防治温室白粉虱，利用姬小蜂防治美洲斑潜蝇，利用瓢虫、草蛉防治蚜虫、叶螨、红蜘蛛及温室白粉虱等；施用生物药剂，如用嘧啶核苷类抗菌素水剂、武夷霉素防治白粉病、灰霉病等病害，用新植霉素或硫酸链霉素防治细菌性角斑病。

2. 生态防治　通过调整栽培场所的温湿度等环境条件，创造出有利于黄瓜生长而不利于病虫害发生的环境条件，从而达到预防与控制病虫害发生的目的。

3. 营养防治　喷施糖尿液减轻霜霉病等病害的发生，用尿素 0.2kg、糖 0.5kg 对水 50kg 配制溶液，在生长盛期每隔 5d 喷施 1 次，连喷 4~5 次；喷施磷酸二氢钾减轻病害发生，用 0.2%磷酸二氢钾喷施叶面，连用 3~5 次。

4. 物理防治　用黄板或蓝板诱杀害虫；在夏季休闲季节进行高温土壤消毒；银灰膜避蚜；用紫外线阻断膜作为棚膜，可以减轻灰霉病、菌核病等病害；高温强光季节覆盖遮阳网降低光照强度、温度，预防病毒病的发生；覆盖防虫网防止外界害虫侵入。

5. 化学防治　化学防治具有直接、快速有效等特点。使用时要严格遵守农药使用原则和标准，选用高效、低毒、低残留农药。具体原则如下：细致观察、及早发现，要“治早、治小、治了”；诊断准确、用药正确；适时定位用药；合理混用农药；喷药细致、交替用药；注意安全。

四、效益分析

(一) 经济效益分析

通过实施以上技术措施实现保产、提质、增效，产量不低于原来模式，越冬生产一般亩产 2 万 kg。减少化学农药使用 30%以上，农产品合格率达 100%，产品达到无公害或绿色，通过品牌销售产品售价提高 10%~100%，亩增收 4 000~10 000 元。和原模式比每亩节省人工 20 人·天，减少用工费 1 600 元。综合分析每亩增收 5 600~11 600 元。

(二) 生态、社会效益分析

每亩减少化学农药用量 30%以上，优先使用有机肥、减少化肥用量，减少了农药、化肥对产品、水、土壤的污染，生态效益显著；通过培训和宣传，让农民掌握黄瓜绿色生产技术，提高农民安全生产意识，生产上实现提质增效，社会效益显著。

五、适宜区域

辽宁省日光温室黄瓜长季节生产。

六、技术依托单位

联系单位：辽宁省农业科学院蔬菜研究所
联系地址：沈阳市沈河区东陵路84号
联 系 人：宋铁峰
电子邮箱：songtiefeng@126.com

七、技术模式

详见表4。

日光温室春茬黄瓜
绿色高效生产技术模式

一、技术概况

在温室春茬黄瓜生产中采用合理轮作、选用抗逆抗病黄瓜品种、棚室消毒、种子消毒、嫁接育苗、棚室环境因子调控技术、植株调整、采收及病虫害综合防治等技术措施，达到丰产、优质的技术效果，实现黄瓜绿色生产。

二、技术效果

通过实施以上技术措施实现保产、提质、增效，产量不低于原来模式，相当减少化学农药使用30%以上，农产品合格率达100%。通过培训和宣传，让农民掌握黄瓜绿色生产技术，提高农民安全生产意识。

三、技术路线

（一）合理轮作

可与番茄、芸豆、叶菜类蔬菜等作物进行倒茬，减少连作障碍。

（二）选用抗逆抗病黄瓜品种

选用耐低温弱光、抗病、丰产的黄瓜品种，如津优2、津绿3、津优35、80-13、中农26、绿园7号、绿园36等。

（三）棚室消毒

夏季休闲季节进行高温闷棚消毒。

（四）种子消毒

黄瓜种子可带多种病原菌，在播种前应先对种子进行消毒处理，防止因种子带菌引发病害。可用温汤浸种、药剂消毒等。

1. *温汤浸种与催芽*　把种子放入55~60℃温水中烫种10min。此过程要不断搅拌种子，并用温度计测量水温，通过添加热水保证温度维持在55~60℃。

2. *药剂消毒*　防治真菌及细菌病害，可用50%多菌灵可湿性粉剂500倍液或0.1%多菌灵盐酸液浸种1h，或用40%甲醛100倍液浸种30min，捞出洗净。防治病毒病，可将种子放入10%磷酸三钠溶液中浸泡20min，捞出洗净。

（五）嫁接育苗

嫁接育苗可起到防控土传病害、增加抗逆性、提高产量等作用。

（六）棚室环境因子调控技术

1. *膜下滴灌*　采用地膜覆盖、滴灌浇灌，降低空气湿度、减少用工量、减少病虫害发生。

2. *低温季节补充二氧化碳*　早春温室施用二氧化碳可以显著提高黄瓜光合作用强度，同时对呼吸作用有抑制作用，从而有利于提高黄瓜产量。具体可采用碳酸氢铵加硫酸、液态二氧化碳、二氧化碳颗粒肥及大量施用有机肥等方法进行。采用二氧化碳施肥时应注意：要选择晴天的上午；适当提高棚内温度，不放风。

3. *温度管理*　缓苗期要保证较高的温度条件，白天温度保持在25~35℃，夜晚高于15℃，可通过控制浇水、增设小拱棚、挂天幕等措施提高温度，达到缓苗期温度要求。抽蔓期以促根控秧为主，根瓜膨大前一般不浇水施肥。白天温度控制在25~30℃，夜间温度控制在12~17℃。结瓜期温度要采用四段变温管理：上午温度控制在25~30℃，下午20~25℃，上半夜15~18℃，下半夜11~12℃。白天温室内温度超过32℃时开始放风，20℃时闭风，15~17℃时放草帘。

4. *光照管理*　随着外界温度不断升高，当最低气温超过8℃时，及时去除草帘等覆盖物，增加透光面。随时清洁棚膜，增加透光率。在温室后墙张挂反光幕，增加后部植株光照。

5. *肥水管理*　采收初期每6~7d浇1次水，清水和肥水交替进行；采收盛期每4~5d浇水1次，清水和肥水交替进行。追肥可根据植株长势、土壤特点等情况，选用微生物有机肥、磷酸二铵、硫酸钾等肥料交替进行，每次每亩追10~15kg。叶面肥可选用0.2%磷酸二氢钾或微生物叶面肥。

（七）植株调整

及时绑蔓、落蔓、打卷须、打侧枝，去除病叶、老叶。用尼龙绳或塑料绳吊蔓，按一定旋转方向呈“S”形绑蔓。当株高接近屋面时或高1.6~1.8m时进行落蔓，使龙头始终离地面1.5~1.7m。落蔓前3d最好不要浇水，降低茎蔓的含水量，提高茎蔓韧性。落蔓时先去掉要落下茎蔓部分的叶片，然后将没有叶片的茎蔓按一定方向整齐盘好。落蔓时注意不要将茎蔓碰折或水淹。

（八）采收

根瓜要及时采收，防止坠秧。结瓜初期每2~3d采收1次，结瓜盛期晴天每天采收，阴雨天每2~3d采收1次。采收应在早晨进行，此时瓜条含水量高，肉质鲜嫩。摘瓜时要轻拿轻放，不要碰掉花冠，不要漏采，及时摘掉畸形瓜。摘下的瓜整齐摆放在内裹塑料袋的纸箱内。如果温室较长，为节省体力可在温室后坡处安装轨道式温室运输车，用运输车运送采好的果实。

（九）病虫害综合防控

优先采用生物防治、生态防治、营养防治、物理防治，科学合理采用化学防治，提高防治效率、减少化学农药使用量。

1. 生物防治　利用丽蚜小蜂防治温室白粉虱，利用姬小蜂防治美洲斑潜蝇，利用瓢虫、草蛉防治蚜虫、叶螨、红蜘蛛及温室白粉虱等；施用生物药剂，如用嘧啶核苷类抗菌素水剂、武夷霉素防治白粉病、灰霉病等病害，用新植霉素或硫酸链霉素防治细菌性角斑病。

2. 生态防治　通过调整栽培场所的温湿度等环境条件，创造出有利于黄瓜生长而不利于病虫发生的环境条件，从而达到预防与控制病虫害发生的目的。

3. 营养防治　喷施糖尿液减轻霜霉病等病害的发生，用尿素0.2kg加糖0.5kg加水50kg配制溶液，在生长盛期每隔5d喷施1次，连喷4~5次；喷施磷酸二氢钾减轻病害发生，用0.2%磷酸二氢钾喷施叶面，连用3~5次。

4. 物理防治　用黄板或蓝板诱杀害虫；在夏季休闲季节进行高温土壤消毒；用银灰膜避蚜；用紫外线阻断膜作为棚膜，可以减轻灰霉病、菌核病等病害；高温强光季节覆盖遮阳网降低光照强度、温度，预防病毒病的发生；覆盖防虫网防止外界害虫侵入。

5. 化学防治　化学防治具有直接、快速有效等特点。使用时要严格遵守农药使用原则和标准，选用高效、低毒、低残留农药。具体原则如下：细致观察、及早发现，要治早、治小、治了；诊断准确、用药正确；适时定位用药；合理混用农药；喷药细致、交替用药；注意安全。

四、效益分析

（一）经济效益分析

通过实施以上技术措施实现保产、提质、增效，产量不低于原来模式，春茬生产

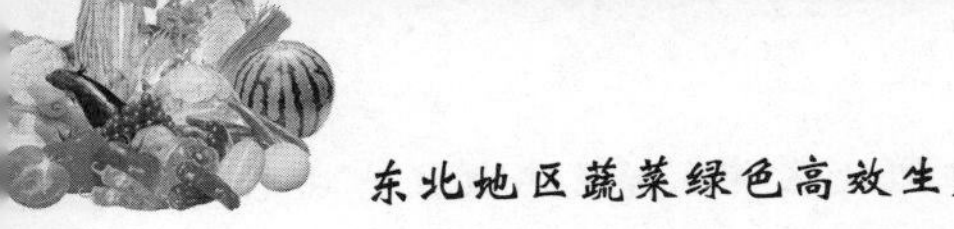

一般亩产 1 万 kg。减少化学农药使用 30%以上，农产品合格率达 100%，产品达到无公害或绿色，通过品牌销售产品售价提高 10%~100%，亩增收 2 000~20 000 元。和原模式比每亩每茬节省人工 15 人·天，减少用工费 1 200 元。综合分析每亩增收 3 200~21 200 元。

(二) 生态、社会效益分析

每亩减少化学农药用量 30%以上，优先使用有机肥、减少化肥用量，减少了农药、化肥对产品、水、土壤的污染，生态效益显著；通过培训和宣传，让农民掌握黄瓜绿色生产技术，提高农民安全生产意识，生产上实现提质增效，社会效益显著。

五、适宜区域

辽宁省日光温室春茬黄瓜生产。

六、技术依托单位

联系单位：辽宁省农业科学院蔬菜研究所

联系地址：沈阳市沈河区东陵路 84 号

联 系 人：宋铁峰

电子邮箱：songtiefeng@ 126. com

七、技术模式

详见表 5。

日光温室黄瓜绿色高效生产技术模式

一、技术概况

该技术在日光温室黄瓜的病虫害防治中，推广应用农业防治、物理防治与化学防治相结合，重点推广使用粘虫黄板、防虫网、生物制剂及高效低毒低残留化学农药，从而达到有效控制黄瓜病虫害，确保蔬菜生产安全、农产品质量安全和农业生态环境安全，促进农业增产增效。

二、技术效果

通过推广应用粘虫黄板、防虫网，结合喷施生物农药等绿色防控技术防治日光温室番茄病虫害，使示范区化学农药施用量减少 40%~70%，减少投入和用工成本 35%

以上，产品符合无公害标准，抽检合格率达100%。

三、技术路线

（一）农业防治

选用抗病品种、培育健康壮苗、深耕灭茬搞好田园卫生，调整和改善作物的生长环境，以增强作物对病、虫、草害的抵抗力，创造不利于病原物、害虫生长发育的传播条件，以控制、避免、减轻日光温室黄瓜病虫害的为害。

1. 选用抗病品种　日光温室早春茬黄瓜栽培可选用耐低温、前期产量高、抗病性强的品种，如津春3号、津优2号、津优5号、中研21、金胚98等；秋冬茬日光温室黄瓜栽培在品种上要选择抗病力强、品质优良的品种，当前常用的品种有津杂2号、津春4号、津优4号、中农8号等。

2. 深耕土壤　上茬作物收获后，利用大棚旋耕机对日光温室进行土壤深耕，改善土壤肥力和通气性，促进作物根系发达，增强作物适应性、抗性和对病害的免疫力。早春头茬栽培定植前可提前20~30d扣棚膜烤地；秋茬在前茬作物收获后闷棚5~7d，杀灭棚内病菌和虫卵。

3. 培育壮苗　采用营养钵或穴盘育苗，春茬苗龄45~50d，秋茬苗龄20~30d。

4. 合理施肥　春茬每亩施优质农家肥10 000kg以上，秋茬每亩5 000kg。有机肥2/3全面撒施，翻耙1~3次，使粪土混匀，耙平后作畦，其余1/3有机肥和20~30kg磷酸二铵用于作畦后沟施。

5. 及时清洁棚室及时中耕，清除棚室内的杂草，发现病株及时拔除，带到棚室外掩埋；收获后及时清洁棚室，集中处理残株落叶，减少菌源和虫源。

（二）物理防治

采用粘虫黄板、防虫网联合应用技术，减少虫害发生，降低虫口密度，减少农药的使用量。

1. 防虫网　闷棚后，在大棚各开口处增设60目防虫网以防止害虫潜入。

2. 粘虫黄板　可有效防治潜叶蝇、白粉虱、蚜虫等害虫，有效减少虫口密度，大大减少农药施用量，不造成农药残留和害虫抗药性，成本低，绿色环保。

（三）药剂防治

有针对性地选择使用生物农药和高效低毒低残留的化学农药防治。

病害以防为主，从黄瓜幼苗一叶一心开始，每隔7~10d，应喷施保护性杀菌剂1次，叶面、叶背及植株各部要均匀喷施，以晴天下午喷药为主，防治前要仔细摘除病叶、病果。

1. 霜霉病　可用72%杜邦克露可湿性粉剂400倍液或58%甲霜灵锰锌600倍液防治，每3~4d一次。

2. 细菌性角斑病　可用农用链霉素4 000~ 5 000 倍液或 30%细菌溴腈 500 倍液防治。

3. 灰霉病　用65%甲霉灵可湿性粉剂600倍液，或50%多菌灵可湿性粉剂800倍液喷雾防治。

4. 炭疽病　可用50%多菌灵可湿性粉剂500倍液或炭疽福美800倍液防治。

5. 疫病　可用25%甲霜灵可湿性粉剂800倍液或64%杀毒矾500倍液防治。

6. 防治虫害　温室白粉虱、斑潜蝇可在傍晚闭棚后，用10%蚜尽虱绝或薰杀棚虫等薰杀或22%敌敌畏烟剂（每亩0. 3kg）密闭熏杀。也可以在早晨或傍晚喷雾，常用有效药剂如4. 0%吡虫啉600倍液、6%啶虫脒1 500倍液叶面喷雾。

四、效益分析

(一) 经济效益分析

应用该绿色生产技术后，采用科学的水肥管理和绿色防控技术，作物病虫害发生率大大降低，同时以物理防治为主，实现了化学农药施用量减少35%；平均亩产黄瓜10 000 kg，增产25%，平均亩产值20 000元，增收3 000元。

(二) 生态、社会效益分析

通过绿色栽培技术应用，产品实现了100%监测合格，推行净菜上市，产品安全可靠，产品安全性和品质提高的同时，产量的提高对保证城镇居民日常餐桌对地产优质蔬菜的需求和拉动内需起到积极作用和重要保证。

五、适宜区域

兴安盟。

六、技术依托单位

联系单位：兴安盟经济作物工作站

联系地址：兴安盟乌兰浩特市

联 系 人：夏国宏

电子邮箱：lym1989@ 163. com

七、技术模式

详见表6。

表 3　吉林省设施黄瓜绿色高效生产技术模式

<table>
<tr><td rowspan="2">项目</td><td colspan="3">二月</td><td colspan="3">三月</td><td colspan="3">四月</td><td colspan="3">五月</td><td colspan="3">六月</td><td colspan="3">七月</td><td colspan="3">八月</td><td colspan="3">九月</td><td colspan="3">十月</td></tr>
<tr><td>上</td><td>中</td><td>下</td><td>上</td><td>中</td><td>下</td><td>上</td><td>中</td><td>下</td><td>上</td><td>中</td><td>下</td><td>上</td><td>中</td><td>下</td><td>上</td><td>中</td><td>下</td><td>上</td><td>中</td><td>下</td><td>上</td><td>中</td><td>下</td><td>上</td><td>中</td><td>下</td></tr>
<tr><td>生育期</td><td>春茬</td><td colspan="5">育苗期</td><td colspan="2">定植</td><td colspan="7">收获期</td><td colspan="12"></td></tr>
<tr><td rowspan="3">措施</td><td colspan="5">选择优良品种、嫁接</td><td colspan="6">植物生长调节</td><td colspan="6">高温闷棚</td><td colspan="10"></td></tr>
<tr><td colspan="5"></td><td colspan="9">药剂防治</td><td colspan="13"></td></tr>
<tr><td colspan="3"></td><td colspan="24">杀虫灯</td></tr>
<tr><td>技术路线</td><td colspan="27">1. 选种：选择吉杂 16、春绿 7 号、津优 35 等优良品种

2. 嫁接：贴接法，用刀片削去砧木 1 片子叶和生长点，椭圆形切口长 0. 5cm。接穗在子叶下 1~1. 5 cm 处向下斜切 1 刀，切口为斜面，切口大小应和砧木斜面一致，然后将接穗的斜面紧贴在砧木的切口上，并用嫁接夹固定。嫁接完成后将嫁接苗放入小拱棚内，喷施百菌清药水，苗上覆盖地膜，小拱棚覆盖遮阳网。前三天小拱棚内湿度保持 100%，白天温度保持在 25~30℃，夜间温度保持在 18~22℃。第四天始早晚可少量见光，同时可通过在小拱棚覆盖地膜上少量开孔的方式进行通风，之后逐渐加大通风量。成活后降低温度以防止徒长，白天温度控制在 20~25℃，夜间温度 15~20℃

3. 植物生长调节：定植后，20 000 倍液喷施；结果前，20 000 倍液喷施；盛果期，20 000 倍液喷施

4. 主要病害防治：（1）防虫板诱杀害虫。利用害虫对不同波长、颜色的趋性，在设施内放置黄板、蓝板，对害虫进行诱杀。（2）高温闷棚。晴朗天气早晨浇透水，封闭大棚，温度达到 48~50℃后保持设施密闭 2h。能有效防止霜霉病等病害。（3）防治黄瓜霜霉病。用氟菌・霜霉威 800 倍液 2~3 次，间隔期 7~14d。（4）防治黄瓜白粉病。用氟菌・肟菌酯 1 000 倍液喷施 2~3 次，间隔期 7~14d</td></tr>
<tr><td>适用范围</td><td colspan="27">吉林省地区</td></tr>
<tr><td>经济效益</td><td colspan="27">使用黄瓜嫁接、生物调节剂和绿色防控技术的应用，可提高黄瓜产量 8% 以上，同时降低了农药的使用次数，节约了农药使用成本和人力成本。按照黄瓜棚室生产平均收益计算每亩可增收 1 200 元，节省农药成本 180 元</td></tr>
</table>

表 4　辽宁省日光温室黄瓜长季节绿色高效生产技术模式

<table>
<tr><td rowspan="2">项目</td><td colspan="3">1月</td><td colspan="3">2月</td><td colspan="3">3月</td><td colspan="3">4月</td><td colspan="3">5月</td><td colspan="3">6月</td><td colspan="3">7月</td><td colspan="3">8月</td><td colspan="3">9月</td><td colspan="3">10月</td><td colspan="3">11月</td><td colspan="3">12月</td></tr>
<tr><td>上</td><td>中</td><td>下</td><td>上</td><td>中</td><td>下</td><td>上</td><td>中</td><td>下</td><td>上</td><td>中</td><td>下</td><td>上</td><td>中</td><td>下</td><td>上</td><td>中</td><td>下</td><td>上</td><td>中</td><td>下</td><td>上</td><td>中</td><td>下</td><td>上</td><td>中</td><td>下</td><td>上</td><td>中</td><td>下</td><td>上</td><td>中</td><td>下</td><td>上</td><td>中</td><td>下</td></tr>
<tr><td>生育期</td><td colspan="21">采收期</td><td colspan="3">休闲期
（棚室消毒）</td><td colspan="9">育苗期</td><td colspan="3">定植期</td></tr>
<tr><td>技术路线</td><td colspan="36">1. 轮作：与其他蔬菜作物轮作
2. 棚室消毒：利用夏季高温季节进行棚室消毒
3. 选种：选用抗病抗逆品种，如：津绿 3、津优 35、80-13、绿园 7 号、绿园 36 等
4. 种子消毒：温汤浸种或药剂消毒
5. 嫁接育苗：插接法或靠接法
6. 环境因子调控：科学调控温、光、水、气、肥
7. 采收：适时采收，分级包装
8. 病虫害综合防治：优先采用农业、生物、生态、营养、物理等防治方法，科学合理应用化学防治</td></tr>
<tr><td>适用范围</td><td colspan="36">辽宁地区日光温室越冬茬黄瓜栽培</td></tr>
<tr><td>经济效益</td><td colspan="36">产量不低于原来栽培模式，越冬生产一般亩产 2 万 kg。减少化学农药使用 30%以上，农产品合格率达 100%，产品达到无公害或绿色，通过品牌销售产品售价提高 10%~100%，亩增收 4 000~10 000 元。和原模式比每亩每茬节省人工 20 人・天，减少用工费 1 600 元。综合分析每亩增收 5 600~11 600 元</td></tr>
</table>

表 5　辽宁省日光温室春茬黄瓜绿色高效生产技术模式

<table>
<tr><td rowspan="2">项目</td><td colspan="3">1月</td><td colspan="3">2月</td><td colspan="3">3月</td><td colspan="3">4月</td><td colspan="3">5月</td><td colspan="3">6月</td><td colspan="3">7月</td><td colspan="3">8月</td><td colspan="3">9月</td><td colspan="3">10月</td><td colspan="3">11月</td><td colspan="3">12月</td></tr>
<tr><td>上</td><td>中</td><td>下</td><td>上</td><td>中</td><td>下</td><td>上</td><td>中</td><td>下</td><td>上</td><td>中</td><td>下</td><td>上</td><td>中</td><td>下</td><td>上</td><td>中</td><td>下</td><td>上</td><td>中</td><td>下</td><td>上</td><td>中</td><td>下</td><td>上</td><td>中</td><td>下</td><td>上</td><td>中</td><td>下</td><td>上</td><td>中</td><td>下</td><td>上</td><td>中</td><td>下</td></tr>
<tr><td>生育期</td><td colspan="21">定植采收期</td><td colspan="3">采收期</td><td colspan="9">种植番茄、芸豆等其他蔬菜</td><td colspan="3">育苗期</td></tr>
<tr><td>技术路线</td><td colspan="36">1. 轮作：与其他蔬菜作物轮作
2. 棚室消毒：利用夏季高温季节进行棚室消毒
3. 选种：选用抗病抗逆品种，如：津优 2、津绿 3、中农 26、津优 35、80-13、绿园 7 号、绿园 36 等
4. 种子消毒：温汤浸种或药剂消毒
5. 嫁接育苗：插接法或靠接法
6. 环境因子调控：科学调控温、光、水、气、肥
7. 采收：适时采收，分级包装
8. 病虫害综合防治：优先采用农业、生物、生态、营养、物理等防治方法，科学合理应用化学防治</td></tr>
<tr><td>适用范围</td><td colspan="36">辽宁地区日光温室春茬黄瓜栽培</td></tr>
<tr><td>经济效益</td><td colspan="36">产量不低于原来模式，越冬生产一般亩产 1 万 kg。减少化学农药使用 30%以上，农产品合格率达 100%，产品达到无公害或绿色，通过品牌销售产品售价提高 10%~100%，亩增收 2 000~20 000 元。和原模式比每亩每茬节省人工 15 人・天，减少用工费 1 200 元。综合分析每亩增收 3 200~21 200元</td></tr>
</table>

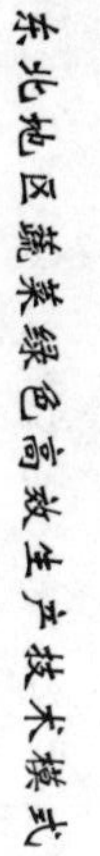

表 6　兴安盟日光温室黄瓜绿色高效生产技术模式

<table>
<tr><td colspan="2" rowspan="2">项目</td><td colspan="3">1 月</td><td colspan="3">2 月</td><td colspan="3">3 月</td><td colspan="3">4 月</td><td colspan="3">5—6 月</td><td colspan="3">7 月</td><td colspan="3">8 月</td><td colspan="3">9 月</td><td colspan="3">10 月</td><td rowspan="2">11 月</td><td rowspan="2">12 月</td></tr>
<tr><td>上</td><td>中</td><td>下</td><td>上</td><td>中</td><td>下</td><td>上</td><td>中</td><td>下</td><td>上</td><td>中</td><td>下</td><td>上</td><td>中</td><td>下</td><td>上</td><td>中</td><td>下</td><td>上</td><td>中</td><td>下</td><td>上</td><td>中</td><td>下</td><td>上</td><td>中</td><td>下</td></tr>
<tr><td rowspan="2">生育期</td><td>春茬</td><td colspan="4">育苗期</td><td colspan="3">定植</td><td>缓苗</td><td colspan="2">结瓜前</td><td colspan="7">结瓜期</td><td colspan="12"></td></tr>
<tr><td>秋茬</td><td colspan="18"></td><td colspan="2">育苗期</td><td colspan="2">定植</td><td>缓苗</td><td colspan="2">结瓜前</td><td colspan="4">结瓜期</td></tr>
<tr><td colspan="2">主控对象</td><td colspan="4">猝倒病</td><td colspan="14">蚜虫、潜叶蝇、白粉虱、霜霉病、细菌性角斑病、灰霉病、炭疽病、疫病</td><td colspan="2">猝倒病</td><td colspan="9">蚜虫、潜叶蝇、白粉虱、霜霉病、细菌性角斑病、灰霉病、炭疽病、疫病</td></tr>
<tr><td colspan="2">防治措施</td><td colspan="4">选种</td><td colspan="11">防虫网、粘虫黄板、高效低毒农药</td><td colspan="5">选种</td><td colspan="9">防虫网、粘虫黄板、高效低毒农药</td></tr>
<tr><td colspan="2">技术路线</td><td colspan="29">1. 选种：津春 3 号、津优 2 号、津优 5 号、中研 21、金胚 98 等品种，耐低温、前期产量高、抗病性强，可选用日光温室早春茬黄瓜栽培品种；秋冬茬日光温室黄瓜栽培在品种上要选择抗病力强、品质优良的品种，当前常用的品种有津杂 2 号、津春 4 号、津优 4 号、中农 8 号等
2. 防虫网：闷棚后，在大棚各开口处增设 60 目防虫网以防止害虫潜入
3. 粘虫黄板：可有效防治潜叶蝇、白粉虱、蚜虫等害虫，有效减少虫口密度，大大减少农药施用量，不造成农药残留和害虫抗药性，成本低，绿色环保
4. 药剂防治：病害以防为主，从黄瓜幼苗一叶一心开始，每隔 7~10d，应喷施保护性杀菌剂 1 次，叶面、叶背及植株各植株各部要均匀喷施，以晴天下午喷药为主，防治前要仔细摘除病叶、病果
霜霉病可用 72%杜邦克露可湿性粉剂 400 倍液或 58%甲霜灵锰锌 600 倍液防治，每 3~4d 一次
细菌性角斑病可用农用链霉素 4 000~5 000 倍液或 30%细菌溴腈 500 倍液防治
灰霉病用 65%甲霉灵可湿性粉剂 600 倍液，或 50%多菌灵可湿性粉剂 800 倍液喷雾防治
炭疽病可用 50%多菌灵可湿性粉剂 500 倍液或炭疽福美 800 倍液防治
疫病可用 25%甲霜灵可湿性粉剂 800 倍液或 64%杀毒矾 500 倍液防治
温室白粉虱、斑潜蝇在傍晚闭棚后，用 10%蚜尽虱绝或熏杀棚虫等熏杀或 22%敌敌畏烟剂（每亩 0.3kg）密闭熏杀。也可以在早晨或傍晚喷雾，常用有效药剂如 4.0%吡虫啉 600 倍液、6%啶虫脒 1 500 倍液叶面喷雾</td></tr>
<tr><td colspan="2">适用范围</td><td colspan="29">兴安盟</td></tr>
<tr><td colspan="2">经济效益</td><td colspan="29">应用该绿色生产技术后，采用科学的水肥管理和绿色防控技术，作物病虫害发生率大大降低，同时以物理防治为主，实现了化学农药施用量减少 35%；平均亩产黄瓜 10 000kg，增产 25%，平均亩产值 20 000 元，增收 3 000 元</td></tr>
</table>

第三章

东北地区辣椒
绿色高效生产技术模式

设施彩椒绿色高效生产技术模式

一、技术概述

彩椒生产适应性强、丰产潜力大、商品性好，适宜进行长季节丰产栽培。通过选用优良品种、集约化育苗、合理稀植、增施有机肥、水肥一体化、病虫害绿色防控技术等综合高效栽培技术，确保彩椒优质安全。

二、技术效果

彩椒既可作为高档礼品菜供应市场，又可满足境外需求，经济效益显著。通过增施有机肥，减少化肥用量，提高肥料利用率，应用生物农药和高效低毒低残留农药，减少农药残留，保证彩椒生产安全。

三、技术路线

（一）品种选择

选择适应性和抗性强、高产、质优、耐储运且符合外销或出口市场需求的无限生长型促成栽培品种，如荷兰瑞克斯旺公司生产的卡罗纳、特立尔、红/黄太极。

（二）种植方式

1. 温室栽培　12月末播种育苗，翌年2月末定植，5月中旬采收，11月上旬生产结束。

2. 大棚栽培　单层覆盖，2月末播种，5月初定植，7月中旬采收，9月末生产结束。

（三）生产技术要点

1. 种子消毒处理　种子晾晒8~12h后，用55℃水浸种30min，捞出再用10%磷酸三钠浸泡20~30min钝化病毒，用50℃温水边搅拌边投入种子，水温降至30℃停止搅拌，浸种12~24h，用纱布包好放入25℃条件下催芽，待70%种子露白时即可播种。

2. 配制优质育苗营养土　育苗营养土采用无污染、无病虫源的非重茬田园土50%、充分腐熟的有机粪肥40%、炉灰渣或砂子10%，加入枯草芽孢杆菌拌匀后，晴天覆膜高温消毒7~10d备用。

3. 集约化育苗　温室内采用8cm×8cm营养钵、72孔穴盘或5cm×2.5cm营养块方式进行集约化育苗。每穴播1粒种子，播后盖土厚0.5cm，苗床温度保持25~30℃，出苗后，白天保持20~30℃，夜间15~18℃，移栽前7~10d进行低温炼苗，白天20℃

左右，夜间 13～15℃。育苗期营养土应该见干见湿，2～4 叶期时，结合浇水可追复合肥 2～3 次，同时要创造充分的光照条件。

4. 精细整地与施肥 结合整地，亩施经无害化处理且添加适量微量元素的优质农家肥 4～5t、磷酸二铵 15～20kg、硫酸钾 10kg，通过旋耕深翻整平耙细土地，按大行距 70cm，小行距 50cm 做小高畦，株距 35～40cm。

5. 合理稀植、查苗补苗 彩椒苗龄一般 60d 左右，可根据天气、秧苗长势进行移栽。亩保苗 1 500 株左右，发现死苗要及时补栽。

6. 定植后管理技术 肥水管理：定植时浇足水，保证成活。以后根据土质干湿程度 5～10d 浇一次水。开花结果期保持土壤湿润。初见第一果时，浇水追肥。苗期，亩施氮磷钾复合肥 10kg；初果期追坐果肥，亩施氮磷钾复合肥 20kg，每隔 20d 左右追一次氮磷钾复合肥 15～20kg 对水浇施。采果中后期用 0.2%的磷酸二氢钾加 0.1%～0.2%的硫酸锌每 7～10d 喷一次叶面肥。温度管理：生长适宜的温度，白天 20～25℃，夜间 15～20℃，棚内温度低于 10℃，高于 35℃时难以授粉，容易引起落花落果。

7. 适时进行植株调整 每株选留两条健壮的主枝，从第 4～第 5 节开始留果，以主枝结果为主，及时抹掉侧芽，中部侧枝可在留 1 个果后摘心，要求每株始终保持有两个枝条向上生长。每个主枝用塑料绳进行吊蔓固定。生长期间要及时疏花疏果，门椒不留，交叉留果，每杈留一个果，保证每株同时结果数不超过 6 个。

8. 病虫害综合防治措施

（1）病毒病：用 8%宁南霉素水剂 45～60g/亩喷雾或 5%海岛素水剂 300～500 倍液苗期及定植后初期喷雾处理。

（2）白粉病：用宁南·氟菌唑可湿性粉剂 1 500 倍液、10%苯醚甲环唑水分散粒剂2 000～3 000倍液、40%氟硅唑乳油 4 000 倍液、40%硫悬浮剂 600 倍液喷雾。生物农药：1%蛇床子素水乳剂 400 倍液喷雾。

（3）疫病：用 72%霜脲氰·锰锌可湿性粉剂、58%精甲霜灵·锰锌可湿性粉剂、72.2%霜霉威水剂 500～600 倍液喷雾或苗期灌根。

（4）青枯病：用 20%噻菌铜悬浮剂 500～700 倍液喷雾液、1%中生菌素水剂、1.8%辛菌胺醋酸盐水剂 1 000～1 200 倍药液喷雾或灌根。蚜虫、白粉虱、蓟马：每亩用 10%吡虫啉可湿性粉剂 20～40g、25%噻虫嗪水分散粒剂5 000～10 000倍液喷雾。蓟马可用：60g/L 乙基多杀菌素 1 500 倍液喷雾。物理防治可采用添加性诱剂的黄色和蓝色粘虫板，苗期及定植期均可使用，亩悬挂 25cm×30cm 黄板 30～40 块和蓝板 20～25 块，粘虫板下端高于作物顶部 20cm 为宜，随着植株生长粘虫板逐步升高。同时可在棚室入口及通风口处张挂 40～60 目防虫网，防止白粉虱、蚜虫等害虫进入棚室。

（5）红蜘蛛：34%螺螨酯悬浮剂 4 000～5 000 倍液，哒螨灵 20%可湿性粉剂 2 500～3 000 倍液、2.5%联苯菊酯微乳剂 2 000 倍液喷雾防治。生物农药：0.5%藜芦碱可溶液剂300倍液喷雾。

四、效益分析

（一）经济效益分析

温室彩椒亩产量3 500 kg左右，亩产值17 500元，亩成本10 500元（种子费2 000元、滴灌系统1 500元、肥药2 000元、折旧4 500元、水电300元、物化产品投入200元），亩效益7 000元左右；大棚彩椒亩产量3 200 kg左右，亩产值约12 000元，亩成本7 000元（种子费2 000元、滴灌系统1 500元、肥药1 500元、折旧1 500元、水电200元、物化产品投入300元），亩效益5 000元。

（二）生态、社会效益分析

有利于调整优化当地农业种植业结构，发挥蔬菜比较效益优势，提高彩椒生产的科技水平和产品的质量，增强彩椒国内外市场竞争力，增加出口创汇和促进农民增收。通过科学施肥，合理使用农药，减少化肥和农药污染，保障彩椒生产安全，实现生产与生态的良性循环，促进农业的可持续发展。

五、适宜区域

东北地区设施蔬菜主产区。

六、技术模式

详见表7。

设施辣椒绿色高效生产技术模式

一、技术概述

在辣椒生产过程中，病虫害的发生和为害是制约生产发展的关键问题，而病虫害防治过程中存在的很大问题在于农药的应用，覆盖面广、用药量大、频率较高、时期较长，随之带来的农药残留问题也较为严重，绿色蔬菜生产也就成为管理者、生产者和科研工作者等多方关注的问题。该套技术将理论与实践结合，针对北方辣椒生产的主要病虫害，坚持“预防为主，综合防治”“农业防治、物理防治为主，化学防治为辅”、禁绝使用剧毒和高毒农药的原则，严格遵守药后安全最低间隔期的无害化治理原则，有效控制病虫害的流行蔓延，促进辣椒绿色生产的发展。

二、技术效果

大大减少农药的使用量，降低农药残留污染，从而有效改善农业生态条件和生态

环境，促进绿色蔬菜发展，提高人民健康水平；完善蔬菜产业结构，提高产品竞争力；发展农村经济，延长蔬菜产业链；提高农村人口劳动就业率、增加农民收入，提高生态效益。

三、技术路线

（一）土壤选择

选择土层深厚，腐殖质多，排水良好，前茬未种过辣椒及其他茄果类蔬菜或经过土壤处理的中性或微酸性沙壤土。

（二）栽培方式

1. 温室大棚设施条件　塑料薄膜节能日光温室：钢管骨架砖混结构；保温棉被；电动卷放棉被设备；通风控制手摇操作柄；棚顶东西向通风防虫网宽 1.0m；棚前沿东西向通风防虫网宽 1.3m；室内内门垂挂式通风防虫网及棉被；遮阳网；水肥一体化滴灌设施；温室前沿外保温草帘；温室南北向吊蔓铁丝 12 号铁丝。

钢管骨架塑料薄膜日光大棚：大棚两侧南北向通风防虫网宽 1.9m；南北门通风防虫网及棉被；通风控制手摇操作柄；棚顶遮阳网；棚周围下侧保温草帘；棚内纵横吊蔓铁丝高度 1.9m，东西横向 8 号铁丝，南北纵向 12 号铁丝；钢筋加力吊钩南北纵向共设 3 道，每道 13 个，每个间距 3.6m，吊钩上端挂在顶梁管上，下端勾住吊蔓铁丝。

2. 温室及大棚茬次（表 8）

表 8　温室及大棚播种定植与上市时间

栽培茬次	播种时间	定植时间	开始上市时间
温室茬次	7 月下旬	9 月中旬	11 月
大棚春夏栽培	12 月至翌年 1 月	翌年 3 月	4 月底至 5 月上旬
大棚秋延后栽培	7 月下旬至 8 月	8 月下旬至 9 月上旬	10 月

（三）品种选择

1. 按类型选择品种　辣椒果实有尖辣椒和灯笼辣椒，辣味有甜椒型、微辣型、辛辣型，色泽有红、黄、绿等。

甜椒类：植株较为粗壮高大。

微辣类：植株中等。

辛辣类：植株较矮。

2. 按栽培方式选择品种

秋延栽培：选择耐高温、抗病毒、长势强、结果多的品种。

越冬栽培：选择耐寒、耐弱光、抗病、品质好、产量高的品种。

冬春栽培：宜选择早熟、耐低温、抗病、丰产的品种。

（四）育苗

1. *种子消毒* 种子消毒可根据病害等因素任选一种方法。

用种子重量5~8倍的55℃热水浸种，不断搅拌，待水温降至30℃时，再续浸8~12h，注意轻揉搓种子，洗净黏液。

将种子在凉水中预浸10~12h，再用1%的硫酸铜溶液浸种5min，或用50%的多菌灵可湿性粉剂500倍液浸种1h，洗净后催芽，可预防或减轻疫病及炭疽病等病害。

将种子在清水中预浸4h，捞出甩水，再放入福尔马林300倍液浸种30min，或1%高锰酸钾溶液浸种20min，洗净后催芽，可预防病毒病。

2. *浸种与催芽* 浸种达到8~12h的洗净种子甩水后催芽。浸种时间不足的应补充浸种时间，并清除种皮上的黏液。将种子用毛巾或多层湿布包好，放置28~30℃恒温下催芽4~6d。每天清水浸洗1~2次。待有4成以上种子露出胚根时，即可挑出有芽种子播种。将未出芽的种子继续催芽。

3. *苗床选择及准备* 大棚春茬生产：可在塑料薄膜节能日光温室内做中棚进行地热线加温育苗，育苗条件有保障。育苗中棚在播前10~15d做好。

大棚秋延后生产：温室秋栽越冬及冬春生产，可在玻璃连栋温室育苗。该温室设置有金属育苗网架，通风可采用侧窗及顶窗防虫网通风，降温可启用湿帘及一、二级风扇，环流风机。加温采用水暖，保温可覆盖内保温膜。育苗采用基质穴盘无土育苗法。辣椒育苗多用50孔穴盘。基质选用正规厂家生产的辣椒专用基质。

4. *播种方法及流程* 播前3~4h在干净塑料薄膜上，分别把所用量基质、蛭石用清洁水拌湿均匀堆放。水分标准以手握指缝微有水珠形成，丢落地面能散成几碎块为宜。将基质装满穴孔，不刻意拍压，刮平盘面。在穴孔基质正中用光滑的木棍向下垂直按一播种洞孔，直径1.7~2.0cm，深2.3~2.5cm。每穴播种健康种芽1粒。播完整盘后给播种孔覆盖蛭石，不用力拍压，刮板刮平即可。

将播种完的穴盘，移入育苗中棚或是育苗网架上，网架与穴盘之间可铺塑料薄膜以保湿。当一个中棚的穴盘排满之后，用微泵供压式喷雾器给全部穴盘补水，水压大小调至不击溅出蛭石为宜，补水量以穴盘表面明水似出非出为宜。补水后，给中棚内穴盘上覆盖一层白色的地膜，以保湿提温保温。最后启动地热线加温，温控器自动控温。玻璃连栋温室网架育苗，补水后同样覆盖白色地膜。整个播种过程分工协作，流水线作业。

5. *苗床管理* 播种后出苗之前，昼夜保持床温28~30℃，夜晚最低不低于18℃。当播种后4~5d时，要勤于观察，当有20%~40%种子子叶露出时，可在早上或下午揭去地膜，同时降低温度，白天维持27~30℃，夜间18~20℃。1~2片真叶期时，剪除穴位上多余的苗，每穴留苗1株。基质穴盘育苗容易缺水，要勤注意水分状况。冬

季及早春通常在3d左右补水一次。寒冷时期补水，应提前1~2d预温水。水温10~14℃较为适宜。水温过低会降低床温，并诱发沤根等冷害。补水时间最好选择晴天或多云天气，温室内气温升到18~21℃时进行。盛夏季节育苗，苗期每天喷水1~2次。温室通风可在室内气温25 ℃以上时进行，以顶通风为主，必要时可辅助前沿底通风。当苗真叶长到10~12片、株高17~20cm、顶部出现花蕾并分生小杈时，就可定植。春夏茬生产，苗子在定植前5~7d，应通风炼苗，增强适应能力。温室白天气温在16~18℃时可揭膜充分见光，夜温可降至12~13℃。

（五）定植

1. *前茬处理和重施有机肥* 及时清除前茬残余根、茎、叶及病果。辣椒对肥力要求较高，生产1 000 kg辣椒，需氮5. 8kg，磷1. 1kg，钾7. 4kg。在深翻地前，每亩施腐熟牛粪28~35m³，商品有机质袋肥400~480kg，草木灰60~80kg，磷酸二铵复合肥30kg，硫酸钾30kg。足量施入有机肥可全面提供养分，还可极大改善土壤理化性状，利于辣椒发根扩大根群，培育壮株。由于秋延后大棚是较短期栽培，生长期间可不再使用追肥。

2. *深翻和整垄* 均匀施肥后，深翻土壤30cm。反复刨打碎平地后，按垄宽90cm，垄高27~30cm，空沟60cm进行拉线做垄。要求顶平边直，两侧拍紧，空沟土壤碎细，便于压膜。

3. *采用滴灌灌溉技术* 滴灌浇水有诸优点，灌溉节水，不冲刷土壤，水量易于控制，不会骤然降低土温，省时省工，不易导致空气湿度过大，诱发病害。尤其适宜阴天等不良天气条件下的作物少量补水。每垄顶面铺设灌溉管两道，间距约40cm。要求两管平行端直，滴灌装置设有总阀门和支阀门。便于控制滴灌强度和分垄灌溉。

4. *采用地膜覆垄技术与顶苗前消毒措施* 滴灌管铺放好后，给垄上覆盖地膜，地膜宽度1. 2~1. 4m。可保湿增温保温，防除杂草，降低空气湿度，对预防病害有非常重要的意义和作用。地膜覆垄要求绷平拉直，两边压紧封严。地膜覆垄应在定苗前8~16d做好。定苗前5~7d，进行棚室内杀虫、灭菌消毒。每棚室用硫黄4~5g、敌敌畏0. 1~0. 13g、锯末8~11g，混匀后每棚室分3堆左右点燃熏烟，密封24~36h，通风无味后等候定苗。

5. *棚室内定苗* 选适龄无病虫害壮秧苗进行定植。每垄栽两行，每穴单株苗，株距25~30cm。每亩定苗密度3 000~3 500株。定植时，按苗距在膜上划口，依次挖窝、放苗、盖土、封口。封口要严密，以免跑偏和滋生杂草。栽完一个棚后，开启滴灌系统浇水2~2. 5h，防止水过多溢入沟中。冬季选晴天，夏季选阴天或傍晚栽苗。

（六）田间管理

1. *温度、光照管理* 越冬茬和冬春茬：缓苗期尽量维持白天28~30 ℃，夜间18~20℃。缓苗后，白天25~28℃，夜间不低于15~16℃。11月上旬左右，当室内最低气温低于 15 ℃时，应及时在下午气温转低时覆盖棉被，内门垂挂棉被帘，以保证夜间温度正常。气温继续下降，可在室内设置空中保温幕，温室前沿外面，围靠原草帘加强保温效果。遇连续雪天，不能整天覆盖棉被不揭，应在雪停间隙除雪卷被，让苗见光。即使见光 3~5h 也非常有益。如连阴雪天达 4d 以上，在天气突晴时要预防脱水闪苗。方法是阳光较强时，要遮光降温，减轻植株蒸发量，让苗逐渐恢复吸水、吸肥能力，过渡到自身能够调节的正常状态。

秋延后大棚生产：辣椒开花结果适宜温度为 23~28℃。当白天气温高于 30 ℃时，棚顶及两侧可覆盖 1~2 层遮阳网遮光降温，同时两侧和两门同时通风。白天棚内温度低于 22 ℃时，应除去遮阳网。当棚内夜间气温低于 15 ℃时，大棚内要设置保温幕，棚外四周围靠草帘，棚顶外可覆盖旧膜及遮阳网，以增强保温功能。当棚内温度低于 -1℃时，整株会冻死。

2. 肥水管理

（1）采用滴灌水肥一体化施肥技术

温室秋越冬茬和温室冬春茬：辣椒根浅、根量较少、吸肥力差，在底肥施足的条件下，辣椒可持续坐果 3~4 层。为了维持旺盛结果能力，由第 3~第 4 层开始，或结果中期开始，应加强追肥。追肥可选用商品多元素活性菌液体优质冲施肥，或把硫酸钾肥料溶于水后，按操作规程使肥料随水滴灌一并施入，以后每结一层果追肥一次。追肥用量每亩施 10~15kg，不同肥料可交替使用。同时也可叶面喷肥，5~7d 一次。在旺盛结果期，滴灌浇水每 2~3d 浇水一次，每次 1.5~2h。浇水要看植株状态，看土壤和天气状况。尽量选择晴天浇水，但最好避开盛夏中午高温时段。既要保持根际土壤湿润，又要防止植株徒长。

大棚秋延后茬次：在基肥施足条件下，不再追肥可满足生长及结果需要。前期浇水要注意防止徒长，结果期持续浇水以保持持续结果能力。

（2）采用秸秆生物反应堆 CO_2 施肥技术

秸秆生物反应堆技术是将废弃作物秸秆在接种微生物作用下，定向转化成作物生长所需要的 CO_2气体、热量、抗病孢子、酶、有机和无机养料，提高作物光合作用效率，冬季低温期可提高棚温 1℃以上，使棚内 CO_2浓度增加 2~4 倍，不足 300ml/L 的可达到1 000~1 300ml/L。此技术应用可使作物发育快，坐果率高，商品品质提高，还可早上市，增产 20% 以上。使用方法：在封棚条件下，每天开启供气装置供气 6~7h。反应堆副产品沼液，可抽出对水 3~5 倍作冲施肥或叶面肥喷施。

3. 整枝保果　整枝要根据品种成株高度、发枝强弱及定植密度等因素综合而定，通常中矮、中等植株每平方米留枝密度 14~18 条为宜，中高型植株留枝 10~14 条为宜。具体操作要根据门椒期田间枝条密集程度及发展状态判断，如果在对椒采收后期田间总枝条数会达到密集拥挤程度，就应提前确定合理整枝方法，如中矮、中等高度

植株，每株可选留 2~3 个健壮果枝，其余枝条剪除，为植株平衡发展，持续结果留下空间。如果定植密度不大，预测对椒采收以后不会出现枝条拥挤状态，可不刻意疏剪枝条，或只对向内生长的弱枝及徒长枝进行剪除。

温室秋越冬茬及早春茬栽培：当总体枝条密度较大时，四门斗上长出的两个杈中，可留一杈，去一杈。大型彩椒植株可选留 2~3 条主枝。高大植株在结门椒前后或植株高度 65~75cm 时应适时吊枝。

大棚秋延茬：由于生长期较短，可选用早中熟品种，植株高度一般中等或是中矮。品种如有果实压枝坠秧特性，就应吊枝固定，通常每株吊 1~2 绳。一般于 10 月底前打掉顶尖及无效花蕾，以促使后期果实快速膨大。各类型辣椒通常在门椒结果前后，适时打去门椒以下弱小侧枝，在对椒采收前后，摘除门椒以下主茎上的老黄叶片。为促进坐果，上午 9 时左右，可用手酌情摇枝干，帮助授粉，也可用 30~50ml/L 防落素，或者用 10~15ml/L 的 2,4-D 涂抹花柄。

（七）采收

门椒一般适时采收，以防坠秧抑制生长。如果植株有徒长趋势，门椒和对椒均可延后几天采收。通常果实充分膨大，果肉变硬，外果皮有亮泽即可采收。采果最好用剪刀将果柄与植株连接处剪断，手扭直拽易伤枝及幼果。彩椒常配色装箱。秋越冬栽培和冬春栽培均为长季节栽培，一般可连续采收 4~6 个月。大棚秋延后栽培为短期栽培，一般可采收 2 个月。农药使用后安全间隔至少 7~8d 采收。

（八）病虫害防治

设施绿色辣椒商品生产病虫害防治原则是“预防为主，综合防治”。以农业防治、物理防治为主优先，化学防治为辅。禁绝使用剧毒、高毒农药。采收应严格遵守药后安全最低间隔期。

1. 农业防治

（1）选用抗病品种：针对当地主要病虫害和不同栽培季节，选择高抗、多抗丰产优质品种。

（2）创造适宜生长发育的条件：培育壮苗，提高抗病、抗逆性能。提供合理水肥、充足光照和 CO_2，采用通风和辅助加温调节好不同阶段的适宜温度和湿度，避免高湿、低温或高温危害。采用适宜的整枝方法，协调好枝叶与果实之间的生长矛盾。采用深沟高垄的形式，促进根群扩大。严防积水，清洁田园，及时防治病虫害。运用各种新技术从各方面创造有利于作物生长发育的环境，避免和减轻病虫害发生，使作物产品达到优质、安全和丰收。

（3）耕作改制：实行严格的耕作制度，与非茄科作物轮作 3 年以上。

（4）科学施肥：平衡施肥，多量使用充分腐熟的牛粪、鸡粪、猪粪、人粪尿及油渣饼等有机肥，既可供给作物各种养分，又可改善土壤物理化学性能，利于作物均衡健壮发育，多结果实。化肥可少量配施，以防止土壤盐渍化。增施 CO_2气肥，可使作物光合作用提高，达到早熟、优质、高产的效果。

（5）设施防治：温室大棚通风口、门口设置防虫网。安全有效通风可排降棚室内温度，减少诱病因素。防虫网能阻隔绝大多数翅飞害虫，减少虫害发生。采用遮阳网技术能显著防雨遮阳降温，可保证夏季育苗及成株期生产正常进行。

2. 物理防治

（1）黄板防虫技术：棚室悬挂黄色粘虫板，可有效降低蚜虫、白粉虱、斑潜蝇等虫害数量。每亩可挂黄板 50~70 片。悬挂蓝板可诱杀蓟马等害虫。粘虫板粘虫很多时应及时更换。

（2）太阳能荧光诱虫杀虫灯技术：在棚室栽培区域附近，设置太阳能荧光诱虫杀虫灯，每盏灯可将直径 200~300m 范围翅类害虫很大数量进行光诱、电杀，极大降低害虫基数，减轻虫害及病害。

（3）化学防治：农药安全及合理施用要严格按照 GB/T 8321—2000《农药合理使用准则》执行。一般面积在 1 亩以内的棚室设施，特别是雨雪天、低温时期，用药防治病害，要遵循烟雾剂、粉尘剂为主优先，喷雾剂为辅的原则。防治虫害要坚持见虫打药的原则。

苗期猝倒病、立枯病可用苗床消毒及种子消毒防治，也可在发病前及病处浇灌 75%百菌清 800 倍液或 72.2%普力克 800 倍液等防治。

疫病、早疫病可用 45%百菌清烟剂熏蒸防治，每亩每次用量 1kg，也可用 72%霜霉疫净 600~800 倍液，或 72.2%普力克 600~800 倍液，或 58%霜灵锰锌 500 倍液等防治。

灰霉病可用 10%速克灵烟剂，每亩每次 1kg，或用 50%扑海因可湿性粉剂 1 500 倍液，或用 50%速克灵 2 000 倍液，50%多菌灵 800 倍液等防治。

细菌性叶斑病可用 72%硫酸链霉素 4 000 倍液，77%可杀得 400~500 倍液等防治。

病毒病可用 20%病毒 A500 倍液，或用 1.5%植病灵乳剂 1 000 倍液等防治。并加强防治蚜虫、白粉虱等害虫，以免传毒。

炭疽病可用 45%百菌清烟剂防治，每亩每次用量 250~300g，或用 20%农抗 120 水剂 100 倍液，或 75%百菌 800 倍液等防治。

枯萎病可用农抗 120 水剂 100 倍液，或 70%多菌灵 600 倍液等防治。

蚜虫、白粉虱等虫害可用黄板诱杀，或用 10%吡虫啉 2 000 倍液，或 25%功夫乳油 2 000 倍液等防治。

斑潜蝇可用灭蝇纸或黄板诱杀成虫，幼虫 2 龄前用 20%斑潜净 1 000~2 000倍喷杀或用 5%卡死卡乳油 2 000 倍液抑制成虫繁殖。

棉铃虫、烟青虫：卵孵化期用 25%灭幼脲 3 号悬浮剂 500 倍液，幼虫期可用 Bt 乳

剂 600 倍液或青虫菌 6 号 1 000 倍液，成虫羽化期用 2.5%d 王星乳油 3 000 倍液防治，或以上四种药剂交替使用。

四、效益分析

（一）经济效益

应用该套技术预计提高产量 10%左右，且产品由于品质好可以提高售价 20%～50%。按当前平均亩产 3 000 kg，单价 3 元/kg 计算，除去成本每亩可增加农民收入 1 500 元左右。

（二）社会效益

该套技术的实施可加快沈阳市蔬菜品质育种进程，提高人民生活质量；可完善蔬菜产业结构，提高产品竞争力；可发展农村经济，延长蔬菜产业链；可提高农村人口劳动就业率、增加农民收入。项目的社会效益显著。

（三）环境效益

该套技术的应用以病害预防为主，综合防治，大大减少农药的使用量，降低农药残留污染，从而有效改善农业生态条件和生态环境，提高生态效益。

五、适宜区域

辽宁地区保护地辣椒主产区，环境无污染，空气清新，阳光充足。

六、技术依托单位

联系单位：辽宁省农业科学院蔬菜研究所

联系地址：沈阳市沈河区东陵路 84 号

联 系 人：邹春蕾

电子邮箱：zouchunlei@foxmail.com

七、技术模式

详见表 9。

红干椒绿色高效生产技术模式

一、技术概况

目前红干椒作为通辽市特色作物，在种植方面主要采取了以下措施：一是强化优良品种推广；二是科学合理开展新品种、新技术试验示范；三是以提质增效为目标，在全市范围内着力推广二次育苗、病虫害绿色防控、测土配方施肥和膜下滴灌节水技术等栽培技术，已形成了一套栽培技术体系。

二、技术效果

红干椒高产栽培技术为红干椒产品向优质高效发展提供技术支撑，对于指导当地红干椒生产，提升红干椒的市场竞争力，实现红干椒生产的可持续发展，促进红干椒产业向标准化、规模化、品牌化发展将大有裨益。

三、技术路线

(一) 轮作制度

与非茄科作物实行3~4年轮作。

(二) 定植前准备

1. 整地施基肥　定植田深翻25cm左右，做3.6m宽平畦，沟施腐熟有机肥约5 000kg/亩、氮（N）6kg/亩、磷（P_2O_5）5kg/亩、钾（K_2O）6kg/亩、钙（Ca）2.0~5.0kg/亩，根据肥料有效养分含量计算施用量。

2. 喷施除草剂　覆膜前用48%氟乐灵200ml，对水50L均匀喷洒地表。

3. 覆膜　一般在秧苗定植前10d覆盖地膜。利用覆膜机覆膜，每畦覆3幅；或人工顺埂顺风铺膜，紧贴地面，松紧适中，膜边埋入沟内，用土压实封严。

(三) 定植

1. 定植时间　一般在5月15—25日。

2. 定植密度　肥力高的土壤4 500株/亩左右，肥力中等土壤5 000株/亩左右。膜上小行距40cm，膜间大行距80cm，株距26~30cm。

3. 定植方法　膜上扎穴，植入秧苗，栽植深度以不埋没子叶为准，用土壤将栽植穴封严、封实。定植时以阴天或晴天下午为宜。定植后立即浇水，促进缓苗。

(四) 田间管理

1. 水分管理　移栽后浇定植水，5~7d后浇缓苗水，缓苗后适当蹲苗，并及时进行大行间中耕松土，提高地温。干旱不严重尽量不浇水，待门椒长至钮扣大小时，蹲苗结束，开始浇水，保持土壤见湿见干。在涝雨过后，及时排水，预防沤根。

2. 肥料管理　蹲苗结束后，随第一次浇水追施尿素10~15kg/亩；盛果期追施45%含量的硫酸钾型复合肥（$N-P_2O_5-K_2O=15-15-15$）15~20kg/亩+尿素5kg/亩，追肥采用扎眼深施；进入8月，每隔10~15d，叶面喷施0.2%~0.3%的磷酸二氢钾。

3. 中耕除草　缓苗后，及时浅耕一次。植株开始生长，深耕一次。植株封行以前，再浅耕一次。结合中耕进行除草、培土。

4. 植株调整　及时去除主茎第一分枝以下的侧枝，生产过程中及时摘除病叶、病

果。整枝应选择晴天进行，利于加速伤口愈合，防止感染。

（五）病虫害防治

1. 主要病害

生理性病害：主要有脐腐病、日灼病等。

真菌类病害：根腐病、茎基腐病、疫病、炭疽病、灰霉病、褐斑病、煤污病、霜霉病、白星病、白粉病等。

细菌类病害：疮痂病、软腐病、青枯病、细菌性叶斑病。

病毒病害：花叶病毒病、厥叶病毒病、顶枯病毒病。

线虫病：根结线虫病。

2. 主要虫害

地下害虫：蝼蛄、蛴螬、地老虎。

地上害虫：蚜虫、烟青虫、白粉虱、红蜘蛛等。

3. 防治方法

（1）农业防治：选用抗病虫品种；培育适龄壮苗；严格实施轮作制度，清洁田园，深翻土地，减少越冬虫源；合理密植，科学施肥和灌水，培育健壮植株；及时摘除病叶、病果，拔除严重病株。

（2）物理防治：田间悬挂黄板诱杀蚜虫、白粉虱、斑潜蝇等；使用频振式杀虫灯和糖醋液诱杀地老虎、蛴螬、烟青虫等成虫；田间铺银灰膜或悬挂银灰膜条趋避有翅蚜；人工摘除害虫卵块和捕杀害虫。

（3）生物防治：保护利用天敌，保护利用瓢虫、草蛉、丽蚜小蜂等天敌控制蚜虫、白粉虱等。植物源药剂，推广使用印楝素、苦参碱、烟碱、苦皮藤、鱼藤酮等植物源药剂。生物药剂，推荐使用农用硫酸链霉素、新植霉素、浏阳霉素、武夷霉素、苏云金杆菌（Bt）、农抗120、核型多角体病毒、白僵菌、阿维菌素、多杀霉素、多抗霉素等生物药剂。

（4）化学防治

脐腐病：保持土壤水分均衡供应，间干间湿，控制氮肥用量，果实膨大期叶面喷施0.1%~0.3%的氯化钙或硝酸钙水溶液，每7d喷1次，喷施2~3次。

日灼病：高温干燥天气灌水降温、增湿；在田间穿插种植高秆作物适当遮阳；及时补充钙、镁、硼、锌、钼等微量元素，喷施叶面肥，增大叶面积，提高植株综合抗性。

疫病、霜霉病：发病前或初期用27%高脂膜80~140倍液或70%代森锰锌500倍液预防，发病后用58%精甲霜灵·锰锌500倍液，或72.2%的霜霉威800~1 000倍液，69%烯酰吗啉·锰锌600~800倍液，68.75%氟吡菌胺·霜霉威700倍液防治。

根腐病、茎基腐病：用50%多菌灵500倍液，或70%甲基硫菌灵500~600倍液，或50%的福美双600倍液防治，木霉素可湿性粉剂100g与1.25kg米糠混拌均匀，把

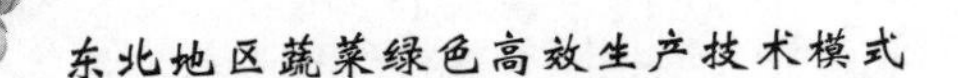

幼苗根部沾上菌糠后栽苗，初发病时，用木霉素可湿性粉剂600倍液灌根防治。

灰霉病：发病前或初期用27%高脂膜80~140倍液或70%代森锰锌500倍液预防，发病后用50%腐霉利1 000~1 500倍液，或40%嘧霉胺1 200~1 500倍液，或25%嘧菌酯1 500~2 000倍液，或65%万霉灵800~1 000倍液防治。

炭疽病、褐斑病、白星病：发病前或初期用27%高脂膜80~140倍液或70%代森锰锌500倍液预防，发病后用25%咪鲜胺1 500倍液，或80%炭疽福美600~800倍液，或25%嘧菌酯1 500~2 000倍液，或25%溴菌腈1 000~1 500倍液，或64%恶霉灵·锰锌600~800倍液，或70%甲基硫菌灵500~600倍液，或50%多菌灵500倍液防治。

煤污病、白粉病：发病初期用2%宁南霉素200倍液，或2%武夷霉素150倍液预防，发病后用40%氟硅唑6 000~8 000倍液，或10%苯醚甲环唑2 000~3 000倍液，或43%戊唑醇4 000~6 000倍液，或25%三唑酮1 500~2 000倍液防治。

疮痂病、软腐病、青枯病、细菌性叶斑病：发病前或初期用27%高脂膜80~140倍液预防，发病后用50%氯溴异氰脲酸1 000倍液，或72%农用硫酸链霉素4 000倍液，新植霉素4 000倍液，77%氢氧化铜500倍液，47%春雷·王铜500~600倍液防治。

花叶病毒病、厥叶病毒病、顶枯病毒病：发病前或初期用27%高脂膜80~140倍液预防，发病后用2%宁南霉素200倍液，20%盐酸吗啉双胍·铜600~1 000倍液，或5%氟吗啉500倍液，或5%氨基寡糖素100~500倍液，40%吗啉胍·羟烯腺150~300倍液，3.85%三氮唑核苷·铜·锌水乳剂600倍液防治。

根结线虫病：用10%苯线磷2 000~4 000 g/亩，5%阿维·克线丹颗粒剂8~10kg/亩，作垄时施入或在生长期施入根际附近的土壤中，1.8%阿维菌素1 500~2 000倍液冲施或灌根防治。

蝼蛄、蛴螬、地老虎：用5%阿维·辛硫磷或15%毒死蜱颗粒剂亩用量1.5~2kg，作床时撒施畦面，或栽苗时撒施植株周围防治。

蚜虫：用0.2%苦参碱1 000倍液，或用3%啶虫脒1 500~2 000倍液，或10%吡虫啉3 000倍液，或1.8%阿维菌素乳油1500~2000倍液防治。

红蜘蛛：用0.2%苦参碱800倍液，或用10%浏阳霉素1 500~2 000倍液，45%晶体石硫合剂200~300倍液喷雾；或20%哒螨灵可湿性粉剂1 500~2 000倍液，或50%虫螨净乳油2 000~3 000倍液防治。棚内育苗期也可用30%异丙威·哒螨灵熏蒸防治。

烟青虫：用0.2%苦参碱800倍液，或用100亿/ml白僵菌液加入0.1%~0.2%的洗衣粉、制成悬浮液浸泡后搓洗过滤即可喷雾，每亩必须喷足60kg以上菌液，或用1.8%阿维菌素1 500~2 000倍液，25%灭幼脲3号悬浮剂1 000倍液，2.5%溴氰菊酯3 000倍液防治。防治最佳时期在三龄幼虫以前。

四、效益分析

（一）经济效益分析

膜下滴灌亩生产成本：种子120元，自育苗50元，农肥240元，底肥105元，追肥120元，旋地35元，覆膜30元，地膜55元，滴灌管带等180元，农药75元，栽植费120元，水电费125元，采摘鲜椒450元、干椒150元，小计干椒成本1 355元、鲜椒1 655元（租地租金800元）。

红干椒干椒产量400kg/亩，单价8元/kg，产值3 200元，效益为1 845元/亩；鲜椒产量2 000 kg/亩，单价1.6元/kg，产值3 200元，效益为1 545元/亩（未计地租金）。

（二）生态、社会效益分析

通辽市的红干椒产业已形成规模，其中，开鲁县红干椒占全国销售总量的30%以上，当地具有良好的灌溉条件，日照充足，土壤偏沙，栽培技术成熟等优势条件适宜大力发展红干椒产业。而且，通辽市种植的红干椒具有产量高、色价高、辣度高等显著特点，深受广大客商欢迎。红干椒持续15年畅销，市场需求量大。红干椒产业已经成为通辽市特别是开鲁县农牧民收入的重要来源之一。

五、适宜区域

东北地区露地辣椒主产区。

六、技术依托单位

联系单位：通辽市经济作物工作站
联系地址：通辽市科尔沁建国路2349号农牧大楼
联 系 人：王静
电子邮箱：wangjingsmile@ 126. com

七、技术模式

详见表10。

露地辣椒单株密植
绿色高效生产技术模式

一、技术概况

按照露地辣椒单株密植栽培技术模式生产辣椒，在其产量、质量、效益等方面均

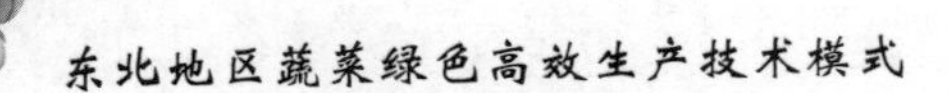

优于传统的露地辣椒一埯双株栽培，该技术是目前露地辣椒生产上实用性较强的一项先进栽培技术。

二、技术效果

露地辣椒单株密植栽培技术较常规露地辣椒一埯双株栽培技术具有用苗量少、总产略高、果实整齐、商品性好、病虫害轻的特点，应用该技术进行露地辣椒生产，可以获得更好的经济效益。

三、技术路线

（一）品种选择

尖椒：龙椒15号、金塔、景尖椒3号；麻椒：鑫岳麻椒；青椒：龙椒1号。

（二）育苗技术

在3月中旬催芽播种，采用集约化育苗技术。

（三）辣椒栽培技术

1. 合理施肥　以农家肥为主，补施复合性化学肥料。每公顷需施45%硫基复合肥400kg加微生物菌肥适量做底肥；辣椒的整个生育期，需施二次追肥。第一次门椒开花期，第二次在7月中下旬辣椒结果盛期，亩追施氮、磷钾复合肥10~15kg。

2. 整地覆膜　垄宽65cm，覆膜前灌透底水，待不黏脚后用33%施田补乳油对水50kg，喷洒于垄面，立即覆膜，保湿保温。覆膜前把垄面搂平，覆膜时要拉紧压严，应在移栽前7~10d进行覆膜。

3. 适时定植　定植时间：终霜过后在5月20—25日期间定植。定植密度：按土壤肥力和施肥水平不同，株距25~27cm，亩保苗3 800~4 000株左右。定植方法：用6~8cm直径的打眼器或木杆扎眼，深度一般8~10cm，投苗，浇透水后，用土封埯。定植灌水：浇透缓苗水，栽完一定面积必须浇一次透水，双垄覆膜的要做到膜下灌水。方法是在膜下垄沟的一头，把地膜掀开，用8号铁线或细软树枝撑起灌水，灌完后压严进水口。

4. 田间管理　科学灌水：辣椒怕涝、又怕旱，小水勤灌，切不可以造成田间积水。7—8月雨季，应注意防涝，及时排水。叶面喷施钙肥预防辣椒脐腐病等果实生理病害；或选用速溶硫酸钾150倍液，或磷酸二氢钾按0.2%浓度促进果实生长。使用芸薹素内酯有效促进根系和植株生长，缓解除草剂药害。打杈掐尖：定植缓苗后，门椒以下的侧枝要及时打掉，做到枝芽不过寸。8月10日开始，从辣椒枝顶端花蕾部分打顶，促进下部果实成熟。插杆栏架：生长旺盛地块，为防止后期椒苗倒伏，每隔5~8m在垄上插一根粗木棍，在辣椒两侧用两根较细尼龙绳连接在木棍上拉紧，把辣椒秧夹在两绳中间，小面积椒田可用木棍、树枝支撑。

5. 病虫草害的防治　结果初期高温干旱易发生脐腐病，应灌水降温，喷施叶面钙肥，发病前可喷施70%甲基托布津，72%霜脲锰锌800倍液预防二次感染，7—8月高温、高湿季节，易发生炭疽病，发病初期可喷洒55%苯甲福美双700倍液，或宁南·嘧菌酯600倍液；疫病可用72%霜脲锰锌800倍液或烯酰吗啉600倍；成果期如遇连续阴雨或急雨骤晴，易发生疮痂病，应在发病前或发病初期喷施DT杀菌剂500倍液、可杀得、噻菌铜1 500倍等进行防治；立秋前后，昼夜温差大，叶面结露，易发生细菌性叶斑病，防治方法同疮痂病。辣椒病毒病，可用8%宁南霉素水剂或5%海岛素水剂800倍液泼浇椒苗，间隔10～15d再泼浇1次，用盐酸吗啉胍或三氮唑类杀毒剂500倍液喷雾，连续施药3～4次。兼防治蚜虫和红蜘蛛，可用2.5%联苯菊酯微乳剂2 000倍液，240g/L螺虫乙酯4 000～5 000倍液喷雾。

四、效益分析

尖椒亩产量4 500 kg，平均价格每千克2.1元，亩收入9 450元。青椒亩产量6 000 kg，平均价格1.8元/kg，亩收入10 800元。麻椒亩产量5 000 kg，平均价格每千克2.5元，亩收入12 500元。亩投入5 130元，其中肥料400元，农药660元，人工1 500元，机械（拉水、整地、短途运输）1 200元，种苗870元，土地流转530元，其他500元。亩效益：尖椒4 320元，青椒5 670元，麻椒7 370元。

五、适宜区域

黑龙江省Ⅰ、Ⅱ、Ⅲ、Ⅳ积温带蔬菜主产区。

六、技术模式

详见表11。

红干辣椒地膜覆盖
绿色高效生产技术模式

一、技术概况

绿色栽培技术是指生产地的环境清洁无污染，按照特定的生产技术规程生产。生产地的环境清洁无污染指土壤、大气、水质必须符合绿色红干辣椒产地的环境标准。红干辣椒绿色栽培技术主要推广了吉林省干辣椒生产的产地条件选择、育苗、定植、田间管理和病虫害防治等技术。

二、技术效果

该技术的推广使吉林省辣椒的各项要求符合“地理标志认证”，有效地保护了“洮南辣椒地理标志认证”这一巨大无形资产，使白城市生产的金塔、福顺红等品种辣椒真正实现优质、高效和增产增收的目的，不断提升吉林省辣椒的产业化水平。

三、技术路线

（一）产地选择

应选择土层深厚，富含有机质，土壤 pH 值为 6.7~7.2，地势高燥平坦，不积水，光照条件好，有灌溉条件的地块种植。忌重茬，也不能和茄科蔬菜、马铃薯重茬。实行 3~4 年轮作制，前茬作物以禾本科作物或大葱、大蒜茬为好。土壤中有害重金属的含量不超过国家标准，水利设施完备，远离公路、医院、矿山、垃圾场的农田做产地。

（二）育苗技术

1. 品种选择　主要选用金塔、红霞 9 号、吉福红等品种。

2. 育苗棚　育小苗需日光人工增温保温暖棚 $20m^2$；育大苗需日光暖棚 $200m^2$。

3. 育小苗建棚时间　头上冻前即把棚膜盖上保温，尽量使棚内温度高一些，并准备好保温被和人工增温设备。育大苗建棚时间，上冻前搭好骨架或在移苗前 15d 搭好骨架、盖好农膜。

4. 床土　选用前 2~3 年没种过茄科、马铃薯、烟草等作物，未用过阿特拉津的地里取回来的土，取土深度 15cm。

5. 底土和覆土的配制　地面平铺 1~3cm 厚的充分腐熟好的过筛子的腐熟农家肥，翻 10~12cm，来回拌匀搂耙 3~4 遍，在搂耙完的表层取出 1.5cm 的营养土做覆土，覆土用风沙土或河淤沙土或沙壤土。覆土的配制：70%的沙土加 30%充分腐熟好的堆厩肥，每 500kg 配方土加 65%代森锌粉剂 30g 或 50%多菌灵 40g 充分拌匀过筛（3 遍）后待用。

6. 种子处理

（1）温汤浸种：50~55℃温水浸种 15~20min，自然冷却后，常温浸种 8~24h，用清水洗净，适温下催芽。

（2）药剂处理：种子催芽前可选用 10%磷酸三钠水溶液搓洗，浸泡 15~20min，用清水洗净，适温下催芽。经过包衣处理的种子，可以直接播种或催芽播种。

（3）直接播种：有的辣椒种子是经过包衣处理的，就不需要药剂和温汤处理，可以直接播种或催芽种。

7. 播种

（1）播种时间：2 月 20 日至 3 月 5 日。

（2）播种量：每平方米播干籽 30g。

（3）播种方法：浇透底水，水完全渗下后播种。种子分 2~3 遍播种，撒开、撒匀。覆土厚度为 0.8~1cm。

（4）覆土后马上把地膜盖严，待 10d 后随时检查苗床，发现 50%~60%出苗，马上把地膜撤掉。

8. 苗期管理

（1）温度：揭膜前白天膜下温度 25~32℃，揭膜后 20~27℃，夜间 10℃以上。

（2）水分：揭膜前一般不浇水，揭膜后床土过干时，在早晨太阳出来前浇水，注意不要过量。

（3）打药防病：苗出齐后，每壶喷雾器用甲霜灵锰锌 50g+乐得 33g+生根粉 1 袋对水均匀喷雾椒苗，防治立枯病、猝倒病。

（4）追肥：每 7~10d 喷一次腐殖酸型的液肥和生根粉，同时要喷施磷钾钙肥。

（5）间苗除草：间苗在苗齐时进行，分 1~2 次即可，结合除草同时进行。

9. 假植

（1）时期：出苗后 35d 左右，小苗有 4~6 片真叶，株高 8cm 左右，大约在 4 月 10—20 日的“冷尾暖头”时期。

（2）营养土的配制与小苗底土配制相同，翻深 12cm 左右。

（3）密度：6cm×5cm 或 5cm×5cm。

（4）假植方法：浇透水后扎眼栽，栽后再浇水；浇透水后划印抿苗；干土划印栽苗，边栽边洒水，栽完一畦后，灌透水。

（5）苗期管理：缓苗期白天 25~30℃，夜间 15℃；缓苗后白天 20~25℃，夜间 15℃左右。超过高限温度人工放风降温，低于 10℃时也要人工增温，干旱时适量浇水。追肥用腐殖酸型叶面肥及磷钾钙肥及生根粉。

（6）炼苗：定植前 1 周左右进行炼苗，逐步加大放风，逐渐适应外界环境，如遇阴雨天要重新盖上棚膜。定植前 1~3d 喷施一遍生根粉及叶面肥，并施用 50%甲基托布津悬浮剂 800~1 000 倍液进行叶面喷施。

（7）壮苗标准：苗龄 75d 左右，10~12 片真叶，苗高 18~20cm，子叶茎秆粗壮，节间较短根系发达，侧根多呈白色，无锈根，叶色绿或深绿，无病虫害。

（三）定植

1. 土壤选择　场地应选在 3~5 年内未种过茄科作物（茄子、土豆、番茄、烟草），中性、微酸性和微碱性的玉米、大葱、大蒜等茬口的耕地，富含有机质，土层深厚，保水保肥，能灌能排，雨季不积水，旱季不缺水的地块。

2. 整地施底肥　4 月 20 日左右开始整地，施入农肥后合垄。沙质土做畦宽 90~100cm 的小高畦；黑土地是旋耕后打垄或“三犁穿”打垄，双垄单垄覆膜均可；每公

顷大田需充分腐熟倒好的猪粪30~50m³或牛粪90~120m³。盖肥深度15cm左右。

3. 覆膜　在下透雨后覆膜或在移栽前10~15d覆膜，覆膜时拉紧压严。

4. 定植时间　5月20日开始，到5月25日结束。

5. 定植密度　每公顷5万~6万株，行距60cm，株距33cm或30cm或27cm。栽植深度8cm左右，以齐子叶为宜。

6. 查苗补缺　定植后，有条件的浇一次透水，查补椒苗。

7. 缓苗后半月左右，有条件的深松一次为好，用牛马犁也可深松，增温防旱防涝。

（四）田间管理

（1）抗旱防涝：干旱时小水勤灌，切不可造成田间积水，7—8月雨季注意防涝，及时排水，雨前雨后绝不能灌椒田。

（2）打叉（俗称打底叶）：要除去门椒以下的各叉，刚刚出现时是打叉的最好时机，过大不能打。

（3）支杆插架：生长旺盛的椒田，要及时支杆插架拉绳防止倒伏。

（4）地膜保护：定植后如发现地膜出现裂口应及时用土压严。

（5）田间除草：人工除草，见草就除。

（五）辣椒病虫害防治

1. 农业防治

（1）清洁田园：清理前茬作物的残枝败叶，运出基地烧毁或深埋。

（2）轮作倒茬：与非茄科作物实行三年以上轮作。

（3）增施有机肥，采取配方施肥，提高作物抗病能力：不施用未腐熟的肥料。合理配方施肥，增施磷钾肥，用0.2%~0.3%磷酸二氢钾喷施辣椒叶面。

（4）加强田间管理，减轻病菌和虫口基数：及时中耕灌水，摘除病叶、虫叶、病果、虫果，拔除病株集中销毁。

2. 物理防治　黄板诱杀蚜虫：悬挂黄色粘虫胶纸，挂在行间或株间高出植株顶部，每亩约30~40块，当黄板粘满蚜虫时再涂一层机油，视虫情发生程度7~10d重涂一次。

3. 生物防治

（1）用0.3%苦参碱水剂1 000~1 500倍液喷雾，防治蚜虫、红蜘蛛。

（2）用抗毒剂1号防治辣椒病毒病；用农用链霉素防治辣椒细菌性病害；用武夷霉素（B0-10）、5406菌种粉防治辣椒真菌性病害。

4. 化学防治

使用药剂防治应符合NY/T 393—2000《绿色食品农药使用准则》、GB/T 8321—2000《农药合理使用准则》的要求。注意轮换用药，合理混用。严格控制农药安全间

隔期，每种农药在整个生育期限使用一次。

（六）采收

适时采收晾晒干椒，霜前3~5d，在9月20日左右，整株拔下放铺，根朝一个方向，每隔5~7d翻动一次，晾15~20d后拉回码垛，垛底要高燥，垛高1.5m左右，垛间0.7m，每隔10d左右翻一次，不能挤压、践踏，更不能用叉类利器翻动。待到椒果手握无气、手捻不动，达到收购水分时摘下，装袋放在阴晾干燥避雨处待售。也可摘下放到屋顶、场院等地方晾晒。采收所用工具要清洁、卫生、无污染。

四、效益分析

每公顷鲜辣椒产量2万~3万kg，干椒产量0.4万~0.5万kg，每千克一般9~10元，每公顷产值4万元左右，每公顷成本在1万元左右，每公顷纯收入3万元左右。

五、适宜区域

吉林省白城市、松原市地区。

六、技术依托单位

联系单位：吉林省园艺特产管理站
联系地址：吉林省长春市自由大路6152号
联 系 人：马家艳
电子邮箱：598291138@qq.com

七、技术模式

详见表12。

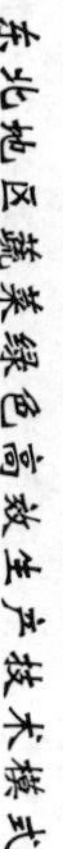

表7　设施彩椒绿色高效生产技术模式

<table>
<tr><td colspan="2" rowspan="2">项目</td><td colspan="3">1月</td><td colspan="3">2月</td><td colspan="3">3月</td><td colspan="3">4月</td><td colspan="3">5月</td><td colspan="3">6月</td><td colspan="3">7月</td><td colspan="3">8月</td><td colspan="3">9月</td><td colspan="3">10月</td><td colspan="3">11月</td><td colspan="3">12月</td></tr>
<tr><td>上</td><td>中</td><td>下</td><td>上</td><td>中</td><td>下</td><td>上</td><td>中</td><td>下</td><td>上</td><td>中</td><td>下</td><td>上</td><td>中</td><td>下</td><td>上</td><td>中</td><td>下</td><td>上</td><td>中</td><td>下</td><td>上</td><td>中</td><td>下</td><td>上</td><td>中</td><td>下</td><td>上</td><td>中</td><td>下</td><td>上</td><td>中</td><td>下</td><td>上</td><td>中</td><td>下</td></tr>
<tr><td rowspan="2">生育期</td><td>温室</td><td colspan="5"></td><td>定植</td><td colspan="7"></td><td colspan="19">采收</td><td colspan="3"></td><td>播种</td></tr>
<tr><td>大棚</td><td colspan="5"></td><td>播种</td><td colspan="6"></td><td>定植</td><td colspan="6"></td><td colspan="11">采收</td><td colspan="5"></td><td></td></tr>
<tr><td colspan="2">技术路线</td><td colspan="36">1. 品种选择：选择适应性和抗性强、高产、质优、耐储运且符合外销或出口市场需求的无限生长型促成栽培品种，如荷兰瑞克斯旺公司生产的卡罗纳、特立尔、红/黄太极
2. 种子消毒处理。配制优质育苗营养土。集约化育苗
3. 精细整地与施肥：结合整地，亩施经无害化处理且添加适量微量元素的优质农家肥4～5t、磷酸二铵15～20kg、硫酸钾10kg，按大行距70cm，小行距50cm做小高畦，株距35～40cm
4. 合理稀植：亩保苗1 500株左右
5. 定植后管理：定植时浇足水，保证成活。开花结果期保持土壤湿润。苗期，亩施氮磷钾复合肥10kg；初果期追坐果肥，亩施氮磷钾复合肥20kg，每隔20d左右追一次氮磷钾复合肥15～20kg对水浇施。采果中后期用0.2%的磷酸二氢钾加0.1%～0.2%的硫酸锌每7～10d喷一次叶面肥。白天20～25℃，夜间15～20℃，棚内温度低于10℃，高于35℃时难以授粉，容易引起落花落果
6. 适时进行植株调整。每株选留两条健壮的主枝，从第4～5节开始留果，以主枝结果为主，及时抹掉侧芽，中部侧枝可在留1个果后摘心，要求每株始终保持有两个枝条向上生长。每个主枝用塑料绳进行吊蔓固定。生长期间要及时疏花疏果，门椒不留，交叉留果，每杈留一个果，保证每株同时结果数不超过6个
7. 病虫害采用综合防治措施</td></tr>
<tr><td colspan="2">适用范围</td><td colspan="36">东北地区设施蔬菜主产区</td></tr>
<tr><td colspan="2">经济效益</td><td colspan="36">温室彩椒亩产量3 500 kg左右，亩产值17 500元，亩成本10 500元（种子费2 000元、滴灌系统1 500元、肥药2 000元、折旧4 500元、水电300元、物化产品投入200元），亩效益7 000元左右；大棚彩椒亩产量3 200 kg左右，亩产值约12 000元，亩成本7 000元（种子费2 000元、滴灌系统1 500元、肥药1 500元、折旧1 500元、水电200元、物化产品投入300元），亩效益5 000元</td></tr>
</table>

表9　辽宁省设施辣椒绿色高效生产技术模式

<table>
<tr><td colspan="2" rowspan="2">项目</td><td colspan="3">2月</td><td colspan="3">3月</td><td colspan="3">4月</td><td colspan="3">5月</td><td colspan="3">6月</td><td colspan="3">7月</td><td colspan="3">8月</td><td colspan="3">9月</td><td colspan="3">10月</td><td colspan="3">11月</td><td colspan="3">12月</td><td colspan="3">1月</td></tr>
<tr><td>上</td><td>中</td><td>下</td><td>上</td><td>中</td><td>下</td><td>上</td><td>中</td><td>下</td><td>上</td><td>中</td><td>下</td><td>上</td><td>中</td><td>下</td><td>上</td><td>中</td><td>下</td><td>上</td><td>中</td><td>下</td><td>上</td><td>中</td><td>下</td><td>上</td><td>中</td><td>下</td><td>上</td><td>中</td><td>下</td><td>上</td><td>中</td><td>下</td><td>上</td><td>中</td><td>下</td></tr>
<tr><td rowspan="3">生育期</td><td>春冷棚</td><td colspan="3">育苗期</td><td colspan="2">定植</td><td colspan="4">苗期</td><td colspan="8">采收期</td><td colspan="10"></td><td colspan="3"></td><td colspan="6">播种育苗期</td></tr>
<tr><td>秋冷棚</td><td colspan="14"></td><td colspan="3">播种育苗期</td><td>定植</td><td>苗期</td><td colspan="6">采收期</td><td colspan="11"></td></tr>
<tr><td>温室</td><td colspan="9">采收期</td><td colspan="8"></td><td colspan="2">播种育苗期</td><td>定植</td><td colspan="5">苗期</td><td colspan="11">采收期</td></tr>
<tr><td colspan="2">主控对象</td><td colspan="9">猝倒病、根腐病、枯萎病</td><td colspan="3">疫病、根腐病</td><td colspan="4">红蜘蛛、蚜虫</td><td colspan="10">病毒病、白粉病、蚜虫、蓟马、炭疽病、疮痂病</td><td colspan="10">猝倒病、根腐病、枯萎病</td></tr>
<tr><td colspan="2" rowspan="2">防治措施</td><td colspan="9">床土进行消毒，使用紫光膜，无滴膜培育适龄壮苗</td><td colspan="7">摘除病叶、病果，铲除杂草</td><td colspan="4">高温闷棚实行严格轮作</td><td colspan="7">黄板诱杀，平衡施肥，防虫纱网，</td><td colspan="9">床土进行消毒，使用紫光膜，无滴膜培育适龄壮苗</td></tr>
<tr><td colspan="36">药剂防治</td></tr>
<tr><td colspan="2">技术路线</td><td colspan="36">1. 土壤选择；2. 栽培方式和季节；3. 品种选择；4. 培育壮苗；5. 精细定植；6. 田间管理；7. 采收；8. 农业防治；9. 物理防治；10. 化学防治</td></tr>
<tr><td colspan="2">适用范围</td><td colspan="36">辽宁地区保护地辣椒主产区</td></tr>
<tr><td colspan="2">经济效益</td><td colspan="36">每亩可增加农民收入 1 500 元左右</td></tr>
</table>

表 10　东北地区红干椒绿色高效生产技术模式

项目	3月	4月	5月	6月	7月	8月	9月
节气	春分	清明　谷雨	立夏　小满	芒种　夏至	小暑　大暑	立秋　处暑	白露
生育时期	育苗		定植	田间管理		采收	
生育特点	种子萌发及幼苗生长期		缓苗后促根控秧，茎叶生长缓慢，根系深扎	开花，坐果，果实旺盛生长，果实转色		果实收获	
主攻目标	出苗整齐，培育壮苗		缓苗快速，进行蹲苗	防治落花，落果，促进果实快速生长		适时收获	
栽培技术	1. 育苗场所消毒：熏蒸法，用40%的甲醛 $5g/m^2$+高锰酸钾 $5g/m^2$ 混合后产生的气体密闭进行熏蒸温室，密闭 1~2d 2. 种子选择及处理：用 10%磷酸三钠溶液浸种 20min，捞出冲洗干净后催芽。浸泡好的种子用纱布或湿毛巾包好置于 28~30℃的条件下催芽，每天翻动、淘洗 2~3 次。3~4d 后，当有60%种子露白时播种 3. 播种：大棚一般在 3 月 20 日至 4 月 1 日，温室一般在 2 月 25 日至 3 月 5 日 4. 播后管理：秧苗长到三叶期进行分苗，分苗后及时浇透缓苗水，缓苗后出现干旱，少量补水；定植前，采取加大放风量、降低温度、减少水分等措施炼苗 7d 以上		1. 轮作制度：与非茄科作物实行3~4 年轮作 2. 定植前准备：整地施基肥：定植田深翻 25cm 左右，做 3.6m 宽平畦，沟施腐熟有机肥约 5 000 kg/亩、氮（N）6kg/亩、磷（P_2O_5）5kg/亩、钾（K_2O）6kg/亩、钙（Ca）2.0~5.0kg/亩，根据肥料有效养分含量计算施用量。喷施除草剂：覆膜前用48%氟乐灵 200ml，对水 50L 均匀喷洒地表。覆膜：一般在秧苗定植前 10d 覆盖地膜。利用覆膜机覆膜，每畦覆 3 幅；或人工顺埂顺风铺膜，紧贴地面，松紧适中，膜边埋入沟内，用土压实封严 3. 定植：一般在 5 月 15—25 日，肥力高的土壤 4 500 株/亩左右，肥力中等土壤 5 000 株/亩左右。膜上小行距 40cm，膜间大行距 80cm，株距 26~30cm。膜上扎穴，植入秧苗，栽植深度以不埋没子叶为准，用土壤将栽植穴封严、封实。定植时以阴天或晴天下午为宜。定植后立即浇水，促进缓苗	1. 水分管理：移栽后浇定植水，5~7d 后浇缓苗水，缓苗后适当蹲苗，并及时进行大行间中耕松土，提高地温。干旱不严重尽量不浇水，待门椒长至钮扣大小时，蹲苗结束，开始浇水，保持土壤见湿见干。在涝雨过后，及时排水，预防沤根 2. 肥料管理：蹲苗结束后，随第一次浇水追施尿素 10~15kg/亩；盛果期追施 45%含量的硫酸钾型复合肥（$N-P_2O_5-K_2O=15-15-15$）15~20kg/亩+尿素 5kg/亩，追肥采用扎眼深施；进入 8 月份，每隔 10~15d，叶面喷施0.2%~0.3%的磷酸二氢钾 3. 中耕除草：缓苗后，及时浅耕一次。植株开始生长，深耕一次。植株封行以前，再浅耕一次。结合中耕进行除草、培土 4. 植株调整：及时去除主茎第一分枝以下的侧枝，生产过程中及时摘除病叶、病果。整枝应选择晴天进行，利于加速伤口愈合，防止感染		1. 干椒：早霜前及时采收。连根拔起植株，撮放 7d，促进后熟捂红。对根码垛摆放，垛顶覆盖秸秆遮阴，自然降水后人工或机械摘椒 2. 鲜椒：一般 8 月 25 日左右，辣椒色泽紫红时开始采摘。采摘从下部开始，分级分批采摘	
适用范围	露地辣椒主产区						
经济效益	红干椒干椒产量 400kg/亩，单价 8 元/kg，产值 3 200 元，效益为 1 845 元/亩；鲜椒产量 2 000 kg/亩，单价 1.6 元/kg，产值 3 200 元，效益为 1 545 元/亩						

表 11 黑龙江省露地辣椒单株密植绿色高效生产技术模式

项目	2月			3月			4月			5月			6月			7月			8月			9月			10月		
	上	中	下	上	中	下	上	中	下	上	中	下	上	中	下	上	中	下	上	中	下	上	中	下	上	中	下
生育期					播种期	苗期						定植期	植株生长期					收获期									
主攻方向					培育壮苗					适时定植	搞好田间管理防治病虫害																
技术路线	1. 品种：可选用龙椒 15 号、金塔、景尖椒 3 号等尖椒品种；鑫岳麻椒；龙椒 1 号青椒 2. 育苗：3 月中旬催芽播种，采用集约化育苗技术 3. 合理施肥：以农家肥为主，补施复合性化学肥料。每公顷需施 45%硫基复合肥 400kg 加微生物菌肥适量做底肥；辣椒的整个生育期，需追施二次追肥。第一次门椒开花期，第二次在 7 月中下旬辣椒结果盛期，亩追施氮、磷钾复合肥 10~15kg 4. 整地覆膜：65cm 的垄，覆膜前灌透底水，待不粘脚后用 33%施田补乳油对水 50kg，喷洒于垄面，立即覆膜。应在移栽前 7~10d 进行覆膜 5. 定植时间：终霜过后在 5 月 20 日至 5 月 25 日期间定植 6. 定植密度：按土壤肥力和施肥水平不同，株距 25~27cm，亩保苗 3 800~4 000 株左右 7. 定植方法：用 6~8cm 直径的打眼器或木杆扎眼，深度一般 8~10cm，投苗，浇透水后，用土封埯 8. 定植灌水：栽完浇一次透水。方法是在膜下垄沟的一头，把地膜掀开，用 8 号铁线或细软树枝撑起灌水，灌完后压严进水口 9. 田间管理：小水勤灌，雨季注意防涝。叶面喷施钙肥预防辣椒脐腐病等果实生理病害；或选用速溶硫酸钾 150 倍液，或磷酸二氢钾按 0. 2%浓度促进果实生长。使用芸薹素内酯促进根系和植株生长，缓解除草剂药害。在定植缓苗后打掉门椒以下的侧枝，做到枝芽不过寸。8 月 10 日开始，从辣椒枝顶端花蕾部分打顶。为防倒伏，每隔 5~8m 在垄上插一根粗木棍，在辣椒两侧用两根较细尼龙绳连接在木棍上拉紧，把辣椒秧夹在两绳中间，小面积椒田可用木棍、树枝支撑 10. 病虫害的防治：脐腐病应灌水降温，喷施叶面钙肥，发病前可喷施 70%甲基托布津，72%霜脲锰锌 800 倍液预防二次感染；炭疽病在发病初期可喷洒 55%苯甲福美双 700 倍液，或宁南·嘧菌酯 600 倍液；疫病可用 72%霜脲锰锌 800 倍液或烯酰吗啉 600 倍防治；疮痂病应在发病前或发病初期喷施 DT 杀菌剂 500 倍液，可杀得、噻菌铜 1 500 倍等进行防治；细菌性叶斑病防治方法同疮痂病。辣椒病毒病用 8%宁南霉素水剂或 5%海岛素水剂 800 倍液泼浇椒苗，间隔 10~15d 再泼浇 1 次，用盐酸吗啉胍或三氮唑类杀毒剂 500 倍液喷雾，连续施药 3~4 次。防治蚜虫和红蜘蛛用 2. 5%联苯菊酯微乳剂 2 000 倍液，240g/升螺虫乙酯 4 000~5 000 倍液喷雾																											
适用范围	黑龙江省Ⅰ、Ⅱ、Ⅲ、Ⅳ积温带蔬菜主产区																										
经济效益	尖椒亩产量 4 500 kg，平均价格每千克 2. 1 元，亩收入 9 450 元。青椒亩产量 6 000 kg，平均价格 1. 8 元/kg，亩收入 10 800 元。麻椒亩产量 5 000 kg，平均价格每千克 2. 5 元，亩收入 12 500 元。亩投入 5 130 元，其中，肥料 400 元，农药 660 元，人工 1 500 元，机械（拉水、整地、短途运输）1 200 元，种苗 870 元，土地流转 530 元，其他 500 元。亩效益：尖椒 4 320 元；青椒 5 670 元；麻椒 7 370 元																										

表 12　吉林省红干辣椒地膜覆盖绿色高效生产技术模式

项目	1月			2月			3月			4月			5月			6月			7月			8月			9月		
	上	中	下	上	中	下	上	中	下	上	中	下	上	中	下	上	中	下	上	中	下	上	中	下	上	中	下
生育期 地膜覆盖				育苗期				苗期管理							定植	生长期管理											收获期
技术路线	1. 产地选择 2. 育苗技术：选用金塔、红霞 9 号、吉福红等品种。用前 2~3 年没种过茄科、马铃薯、烟草等作物，未用过阿特拉津的地里取回来的土。处理种子后 2 月 20 至 3 月 5 日播种。进行苗期管理。5 月 20 至 25 日定植 3. 生长期田间管理：主要是抗旱防涝，打叉（俗称打底叶），支杆插架和田间除草 4. 病虫害防治：清洁田园、轮作倒茬、增施有机肥、加强田间管理、挂黄板诱杀蚜虫，用苦参碱、农用链霉素防治辣椒病害 5. 约在 9 月 20 日左右采收晾晒干椒																										
适用范围	吉林省白城市、松原市地区																										
经济效益	一公顷鲜辣椒产量 2 万~3 万 kg，干椒产量可达 0.4 万~0.5 万 kg，每千克一般 9~10 元，每公顷产值 4 万元左右，每公顷种苗成本在 6 000 元左右，每公顷肥料成本在 3 000 元左右，每公顷地膜成本在 1 200 元，每公顷纯收入 3 万元左右																										

第四章

东北地区甜瓜
绿色高效生产技术模式

日光温室冬春茬甜瓜绿色高效生产技术模式

一、技术概况

该技术在甜瓜病虫害防治中，推广应用农业防治、物理防治、生物防治与化学防治相结合，重点推广使用抗病品种、环境调控技术、土壤消毒技术、土壤有益菌提升技术、水肥一体化技术、熊蜂授粉技术、黄板诱蚜技术、生物农药及高效低毒低残留化学农药，从而达到有效控制甜瓜病虫害，确保生产安全、农产品质量安全和农业生态环境安全，促进农业增产增效。在保证设施蔬菜生产经济效益的前提下，采用病虫害综合治理和绿色防控植保技术，减少化学农药的使用量，对确保蔬菜的安全，提高人民生活水平。

二、技术效果

重点推广绿色防控技术防治甜瓜病虫害，防效由原来的60%提高到90%以上，可为农民挽回损失30%，增产20%以上，使示范区农药施用量减少30%~50%，减少投入和用工成本20%，农产品合格率达100%。通过培训和宣传，让农民掌握绿色防治技术的使用方法，了解和掌握蔬菜病虫害绿色防控技术，提高农民安全生产意识。

三、技术路线

（一）农业防治

指导示范区选用优质抗病甜瓜品种、培育壮苗、土壤消毒减少环境病原菌，调控甜瓜的生长环境以增强作物对病、虫、草害的抵抗力，采用土壤有益菌提升技术减少有害菌的为害从而减少农药使用；采用水肥一体化技术减少化肥的使用量，采用熊蜂授粉技术减少激素用量，生物农药及高效低毒低残留化学农药提升甜瓜安全性。

1. 选用抗病品种　如翠宝、花蕾、花姑娘、绿如意等高产、抗病、耐低温弱光、反季节栽培坐瓜好、含糖量高的品种。提升甜瓜对枯萎病的抵抗能力，提高抗重茬水平。

2. 嫁接技术

（1）优良砧木品种选择：选择勇士、新图佐等根系发达，吸肥能力强，亲和力好，品种间差异小，植株生长健壮，抗枯萎病，嫁接后西甜瓜坐果稳定、产量高、品质好的白籽南瓜砧木品种。

（2）种子消毒技术：①温汤浸种。②药剂灭菌消毒。

（3）插接法：与靠接法相比，工序少，不需断根，不用嫁接夹，但要求操作严格，不容易掌握，缓苗期长一些，且育苗风险较大。砧木嫁接最佳时期是真叶出现到刚展开这一时期，过晚则子叶下胚轴出现空洞影响成活率。西甜瓜接穗的适宜时期是子叶平展期。砧木比接穗早播4~5d。嫁接前要进行蹲苗处理。嫁接时去掉砧木真叶，用铁钎在砧木上方向下斜插入砧木当中，切成0.5~1cm的空隙，随即用刀片将接穗切成两面平滑的楔形，插入砧木切空当中，接穗子叶要和砧木子叶呈“十”字形。

（4）靠接法：此方法操作简便，容易管理，成活率相对较高，但接痕明显，嫁接时西甜瓜接穗比砧木要早播7~10d，如果设施条件不好，那么接穗还要适当早播几天。在砧木第一真叶刚刚出现，砧木和接穗大小相近时进行嫁接。从苗床起出砧木苗和接穗苗，用刀片除去砧木生长点，从砧木子叶下尽可能靠近生长点处呈45°角由上向下斜切，深度达到茎粗的2/5~1/2；接穗在子叶下1cm处以同样的角度由下向上斜切，使砧木与接穗的切口正好嵌合，用夹子夹好要使接穗子叶略高于砧木子叶，并呈十字交叉，一同栽入营养钵中。等7~10d伤口愈合成活后，将接穗的根切断。

3. 土壤消毒技术

（1）水淹法：在农闲季节向设施内土壤不断浇水，使土壤保持水淹的状态，可有效杀灭多种病菌和线虫。

（2）高温灭菌：在高温季节在实施土壤撒上生石灰和粉碎的玉米秸秆，深翻，再覆盖塑料膜，用高温杀死病菌。

4. 土壤有益菌提升技术

（1）秸秆生物反应堆技术：在温室或大棚等设施农业生产的低温季节，利用微生物分解秸秆过程中释放出作物生长所需的热量、二氧化碳、无机和有机养分，从而大大改善棚室内的温、肥、气、水状况。

（2）微生物菌肥：施用微生物菌肥必须配合施用有机肥，不但可加快有机肥的腐熟速度，而且能促进菌群的形成。微生物菌肥使用方法有撒施、沟施、穴施，不建议冲施，但可以灌根（主要针对液体生物菌肥）。施用菌肥配合改良土壤和合理耕作，可保持土壤疏松、通气良好。

（3）合理种植绿肥作物：种植年限较长的老棚，适宜选择吸肥能力较强、具有解磷解钾作用的菠菜、玉米等，缓解盐害；或者种植油菜、茼蒿、生菜、苜蓿等。刚建的新棚，适宜选择养分含量高、具有固氮作用的豆科绿肥，常用的有三叶草、苜蓿、大豆等。

5. 水肥一体化技术　水肥一体化也称灌溉施肥，主要是借助新型微灌系统，按照甜瓜生长对水肥的需求与吸收规律进行全生育期的统筹规划，在一定的时期把定量的水分和肥料养分按比例直接提供给植株。由于在灌溉的同时将肥料配兑成适宜浓度的肥液输入到蔬菜根部土壤，所以该技术可以精确控制灌水量、施肥量和灌溉和施肥时间。由于微灌过程主要是根部灌溉，肥料随水均匀、准确地输送到根系的周围，直接被甜瓜吸收利用，有效地减少灌溉、肥料以及人工等投入，提高水、肥资源利用率，并克服大水漫灌和过量施肥造成的环境污染和产品质量降低。

（二）物理防治

通风口设置防虫网与悬挂色板诱杀设施甜瓜生产的虫害以蚜虫和粉虱类害虫为主。夏秋季在扣棚前，彻底消除棚内作物残株和杂草，做到净棚入苗，净苗入棚。同时采用：在温室换气通风口，温室第一道门和第二道门分别设置40目的防虫网，阻挡外部白粉虱进入大棚；利用粉虱成虫对黄色有较强趋性的特性，每0.067hm^2按棋盘式均匀悬挂30cm×40cm的诱虫黄板25块。黄板底部略高于植株顶部20cm左右，对蚜虫、粉虱和美洲斑潜蝇都能起到诱杀作用，可大幅度降低田间落卵量，压低虫口基数，减少化学农药的用量，保护生态平衡。

（三）生物防治

熊蜂授粉技术　利用熊蜂为温室蔬菜作物授粉，取代人工辅助授粉和激素蘸花授粉，可以提高授粉效率，节省人力劳动量，提高坐果率和果实产量，改善果菜品质，降低果实畸形率等，同时还能解决激素残留等问题。温度和湿度，花期温室内温度为10~32℃，白天气温不超过32℃，夜间不低于10℃。保持土壤湿度，降低空气湿度，相对湿度为50%~80%。覆盖防虫网在作物开花之前，要用防虫网封上温室顶部的通风窗口。因为白天打开通风窗口进行换气和降温时，有一部分熊蜂会从通气孔飞出去，如果在关闭通风窗口前飞不回来，当晚上温度过低时就会冻死在温室外，造成蜂群群势的下降，影响蜂群的授粉寿命。检查棚内农药使用情况严格按照使用熊蜂的农药使用表，禁止使用高毒高残留农药。喷洒低毒低残留农药前，要将熊蜂移到温室外安全的地方，待药效期过后再搬回温室。

在作物开花量达到15%~20%时，开始引入蜂箱。如果温室内放置1群蜂，蜂箱应放置在温室中部；如果温室内放置2群或2群以上，则将蜂群均匀置于温室中。蜂箱一般高于地面20~40cm。

（四）药剂防治（表13）

表13　日光温室常用农药及使用方法

主要防治对象	农药名称	使用方法	安全间隔期（d）	最多使用次数
猝倒病	苗菌敌 72.2%霜霉威水剂	基质消毒 600倍液基质消毒	7 7	1 1
立枯病	苗菌敌 50%速克灵可湿性粉剂	基质消毒 2 000倍液	5 5	3 3

（续表）

主要防治对象	农药名称	使用方法	安全间隔期（d）	最多使用次数
霜霉病	45%百菌清烟剂熏蒸	每亩每次用110~180g	5~7	3~4
	25%瑞毒霉可湿性粉剂	600~800倍液	5~7	3~4
	72%克露可湿性粉剂	800倍液	5~7	3~4
	72.2%普力克水剂	800倍液	5~7	3~4
白粉病	翠贝	1 500~2 000倍液	7~10	5
	翠康	1 000倍液	7~10	5
	2%农抗120	200倍液	7~10	3
	15%三唑酮可湿性粉剂	600倍液	7~10	3
	27%高脂膜乳剂	75~100倍液	7~10	5
	小苏打	500倍液	7~10	5
枯萎病	20%甲基立枯磷乳油	300倍液灌根，每株0.5kg	20	2~3
	10%治萎灵	1 000倍液灌根，每株0.5kg	20	2~3
	络氨酮水剂	300~400倍液灌根每株0.5kg	20	2~3
	金吉尔灭萎水剂	400~600倍液灌根每株0.5kg	20	2~3
	10%双效灵水剂	500倍液浸泡种子或灌根	20	2~3
炭疽病	使百克水剂或粉剂	600~800倍液	7~10	3~4
	80%炭疽福美可湿性粉剂	600~800倍液	7~10	3~4
	68.75%易保水分散粒剂	1 000~1 200倍液	7~10	3~4
	2%武夷菌素水剂	200倍液	7~10	3~4
	2%农抗120水剂	200倍液	7~10	3~4

四、效益分析

（一）经济效益分析

将实现甜瓜生产亩增产500~1 000kg，亩增加产值1 000~2 000元，降低成本300~500元，每亩增加利润1 300~2 500元。

（二）生态、社会效益分析

通过集约化工厂育苗减少土地使用面积，通过嫁接技术减少土传病虫害发病几率，减少农药使用量。同时，通过地膜覆盖、无公害防病等技术的应用，能够改善项目区的土壤理化性状，减少土地面源污染，稳步提高地力，有效地保护生态环境。减少化肥和高毒、高残留农药的使用，减少激素使用，减少污染，保护水源。

五、适宜区域

东北地区保护地甜瓜主产区。

六、技术依托单位

联系单位：辽宁省农业科学院蔬菜研究所

联系地址：沈阳市沈河区东陵路 84 号

联 系 人：张家旺

电子邮箱：zhangjiawang1020@ 163. com

七、技术模式

详见表 14。

塑料大棚甜瓜春茬绿色高效生产技术模式

一、技术概况

推广使用抗病品种、环境调控技术、土壤消毒技术、土壤有益菌提升技术、水肥一体化技术、熊蜂授粉技术、黄板诱蚜技术、生物农药及高效低毒低残留化学农药，从而达到有效控制甜瓜病虫害，确保生产安全、农产品质量安全和农业生态环境安全，促进农业增产增效。在保证设施蔬菜生产经济效益的前提下，采用病虫害综合治理和绿色防控植保技术，减少化学农药的使用量，可确保蔬菜的安全，提高人民生活水平。

二、技术效果

绿色防控技术防治甜瓜病虫害，防效由原来的 50%提高到 80%以上，可为农民挽回损失 30%，增产 10%以上，使示范区农药施用量减少 30%~50%，减少投入和用工成本 10%，农产品合格率达 100%。通过培训和宣传，让农民掌握绿色防治技术的使用方法，了解和掌握蔬菜病虫害绿色防控技术，提高农民安全生产意识。

三、技术路线

（一）产前准备

1. 土壤要求　甜瓜根系不耐涝，应选择地势平坦、排灌方便、土层深厚、肥沃疏松，富含有机质的壤土或沙壤土，适宜土壤湿度为 70%，pH 值在 7~8 为宜。将土壤深翻 2 次，深 25~30cm。定植前 15d 结合施用基肥起垄作畦。采用非嫁接栽培时，应与非葫芦科作物进行 3 年以上的轮作。

2. 施肥

（1）施肥原则：按 NY/T 496—2010《肥料合理使用准则通则》执行，根据土壤肥力高低和甜瓜需肥规律进行平衡施肥，禁止使用含氯化肥和硝态氮肥，禁止使用城市垃圾污泥或工业废渣。准许使用的肥料种类包括：经无害化发酵处理的农家肥料（饼肥、堆肥、沤肥、沼气肥、绿肥、作物秸秆、厩肥），在农业行政部门登记的或免于登记注册的商品有机肥（包括腐殖酸类肥料，经过处理的人畜废弃物等微生物肥料，包括微生物制剂和经过微生物处理的肥料）、化肥（包括氮肥、磷肥、钾肥、钙肥、复合肥等）和叶面肥（包括大量元素、微量元素、氨基酸类、生长调节剂、海藻）。

（2）基肥施用：甜瓜需肥量大，在中等肥力的土壤条件下，结合整地，每亩施入优质农家肥或厩肥 3 000～5 000kg，或施用商品有机肥 50～100kg。氮肥 5kg，磷肥 6kg，钾肥 6kg，或是用按比例折算的复混肥料。根据土壤肥力状况，结合施基肥，适当施入中微量元素肥料。肥料深翻入土，并与土充分混匀。

3. 生产环境消毒　采用硫磺烟剂或百菌清烟剂，每亩 200～250g，点燃密闭熏蒸一昼夜，经放风，无味时再定植。

（二）育苗

1. 品种选择　根据辽宁春茬薄皮甜瓜生产特点，选用航天 2 号、金妃、辽甜 11 号等抗逆性、抗病性强，优质、高产稳产、商品性好的适宜品种。

2. 育苗时间　春冷棚栽培一般 3 月上旬到 3 月下旬播种育苗，3 月下旬到 4 月中旬定植。7 月上旬到中旬收获。

3. 配制营养土　营养土配制要在播种前 10d 准备好。选用无病虫源或经过 3～5 年轮作的大田土或葱蒜茬土壤，与腐熟农家肥、草炭等拌匀，过筛后使用。一般比例为 3∶4∶6，要求疏松、保肥、保水、营养完全。如土质太黏可加适量河沙或细炉渣。将营养土装入塑料钵、塑料筒或纸筒等容器内。塑料钵要求规格为钵高 8～10cm，上口径 8～10cm，塑料筒和纸筒要求高为 10～12cm，直径 8～10cm。

4. 床土消毒　为防治土传病虫害，育苗床（钵）土应作消毒处理。常用的方法有药土消毒、熏蒸消毒和药液消毒。用 50%代森锰锌或多菌灵 200～400 倍液消毒，每平方米床面用药剂原粉 10g 左右，配成 2～4L 药液喷浇即可。

5. 浸种催芽

（1）种子质量：种子质量应符合 GB 16715. 1—2010《瓜菜作物种子》中 2 级以上要求。将种子在日光下晒 1～2d。

（2）浸种：在播种前 3d 进行浸种，将种子浸入 55～60℃的水中，边浸边搅拌，保持恒温 15～30min，捞出用 25～30℃水保温浸种 6～8h，洗净种皮上的黏液后晾干或直接播种。

（3）恒温催芽：将浸种过的种子，淘洗干净，用湿纱布包好，保持在25～30℃处保温保湿催芽，每4～6h翻动一次，每天用温水投洗1～2次，经24～36h种子芽长0.5cm左右即可播种。

（4）变温催芽：在催芽过程中种子要保持湿润，先将种子放在-2～-1℃的冰箱中低温处理12～18h取出，用凉水缓慢解冻后在18～22℃温度下处理6～12h，再放到20～25℃条件下24～36h即可出齐。

6. 播种

（1）播种量：播种量根据种子大小和定值密度，一般每亩用种量30～40g。

（2）播种方法：应选晴天上午播种，播种前灌足底水，用25～30℃的温水，水下渗后将催好芽的种子均匀摆播在育苗床里，在种子上覆盖1cm厚的细营养土，然后立即覆盖地膜或湿润报纸，进行保温保湿。出苗前白天保持28～35℃，夜间16～20℃，地温保持在20℃左右。个别种子出土后如发现有带帽的现象，应及时摘帽或在苗床上面撒一层草木灰或细潮土，当50%以上幼苗出土后，应及时揭去覆盖物，幼苗两片子叶展平后，应降低苗床温度，白天22～25℃，夜间15～18℃，防止幼苗徒长形成高脚苗。

7. 嫁接栽培　采用插接或靠接方法进行嫁接，嫁接砧木多为白子南瓜，甜瓜种子和砧木种子均要进行浸种催芽。采用靠接法嫁接育苗，甜瓜应比砧木早播3～4d；采用插接法嫁接，砧木应比甜瓜早播3～4d。接穗甜瓜第一片真叶展平、砧木南瓜刚见真叶时为嫁接适期。

8. 成苗期管理

（1）温度：白天保持25～30℃，不超过32℃不放风，前半夜15～18℃，后半夜10～15℃，适宜地温为15～17℃。

（2）光照：冬春育苗，有条件的生产者可在温室内用反光膜增光。8—9时日出后气温回升应揭开覆盖物透光，15—16时进行盖帘保温。原则是在保温前提下增加光照，秋冬育苗则相反。采用嫁接栽培的，嫁接后3d内要完全遮光，3d以后逐渐增加透光量和通风量，10d后撤除遮光物。嫁接成活后，应正常管理。

（3）水分：苗期水分供应采取增大浇水量，减少浇水次数原则，一般7～8d浇1次水即可。嫁接栽培在嫁接苗成活前需要保持90%以上的空气相对湿度，以促进嫁接口愈合，要少浇勤浇水。

（4）壮苗指标：苗高10～20cm，茎粗0.8cm左右，节间3～4cm，有3～5片真叶，叶片肥厚，叶色浓绿，无病虫害。

（5）炼苗：当幼苗长出2～3片真叶时炼苗，7～10d后即可定植。

（三）定植

1. 定植密度和方法　采用单蔓整枝，株行距（30～35）cm×100cm，采用双蔓整

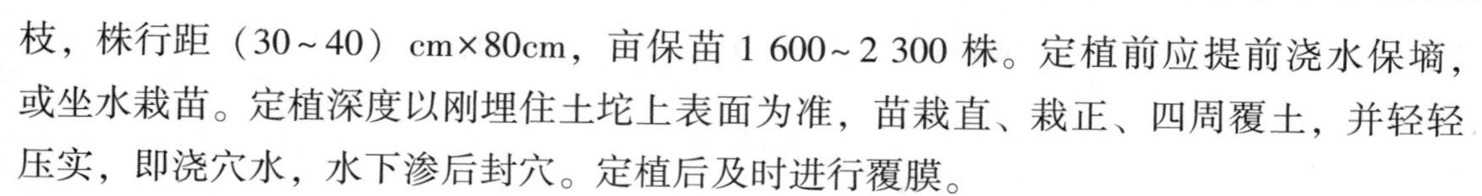

枝，株行距（30~40）cm×80cm，亩保苗 1 600~2 300 株。定植前应提前浇水保墒，或坐水栽苗。定植深度以刚埋住土坨上表面为准，苗栽直、栽正、四周覆土，并轻轻压实，即浇穴水，水下渗后封穴。定植后及时进行覆膜。

2. 缓苗期管理

防治病虫害，死苗后及时补苗。冬春茬和秋冬茬甜瓜，定植后 6~10d 内应密闭保温保湿，白天温度应保持在 26~30℃，下午室内温度降至 18~22℃时放下草苫保温。夜间温度要保持在 18℃左右，最低不能低于 10℃，地温应稳定在 15℃以上，较低温有利于花芽分化，降低结实节位。连续阴天放晴时，要逐渐透光，以免幼苗突受强光照射而失水萎蔫。在湿度管理上，一般底墒充足，定植水足量时，缓苗期不要浇水。如发现土壤水分不足，可浇 1 次缓苗水。

（四）伸蔓期管理

白天温度保持在 25~28℃，夜间温度保持在 15~18℃，防止夜温过高引起幼苗徒长。冬春茬和秋冬茬甜瓜缓苗期，应以增光为主。缓苗后可浇 1 次伸蔓水，水不要浇足，以后如土壤墒情好，坐果前不需要浇水。如土壤肥力不足，可结合浇伸蔓水每亩追施速效氮肥 5kg，配合叶面喷肥。

（五）整枝

采用单蔓整枝或双蔓整枝，全覆盖栽培，可用尼龙绳吊蔓。当幼苗长出 8~10 片叶时及时绑蔓，使基部叶片与地面有 15cm 左右的距离。甜瓜整枝宜采用前紧后松的原则，即坐瓜前严格进行整枝打杈，及时摘除卷须，防止养分空耗，做瓜后，只要不跑秧，就不用整枝，以保证有较大的光合面积，促进果实膨大。秋冬茬栽培甜瓜。采用半覆盖栽培，应在瓜蔓较长、相互缠绕、外界日平均气温稳定在 18℃以上时拆除覆盖物。

（六）人工辅助授粉

在 8—10 时，单性花甜瓜用雄花的花粉涂抹在雌花的柱头上，两性花甜瓜用干燥毛笔在雌花花器内轻轻搅动几下即可。

（七）结果期管理

1. 温度管理　甜瓜结果期需要较高的温度、较大的温差和较强的光照。开花坐果期的最适温度为 25℃，高于 35℃和低于 15℃都会影响坐果。果实膨大期白天温度要保持在 27~35℃，不超过 35℃不放风，夜间温度 16~20℃，最低 12℃。保持 10℃以上的昼夜温差，有利于果实发育和糖分积累。

2. 肥水管理　坐果后 7~10d，果实迅速膨大，为需水关键期，可每 10d 浇 1 次小水，整个结瓜期共浇水 2~4 次。采收前 10d，应节制浇水，保持土壤干燥，促进糖分积累，预防裂果。结合第一次浇水追施膨瓜肥，每亩硫酸钾 15kg，硫酸镁 5kg。

3. 其他管理　待幼果长到鸡蛋大小，开始褪毛时，进行选留果，根据植株生长情

况，大果型品种单株留瓜2~3个，当瓜长到0.5kg时，及时吊瓜。小果型品种单株留瓜4~8个。

（八）病虫害防治措施

1. 农业防治　包括轮作、进行土壤消毒、春季彻底清洁田园；选择适应性强、抗病虫害的优良品种，培育壮苗；测土平衡施肥，培育地力；育苗期间减少浇水，加强增温保温措施，保持苗床较低的湿度；重茬种植时采用嫁接栽培或选用抗枯萎病品种；及时拔除并销毁病株及有虫卵的叶片等。

2. 物理防治　如进行棚室消毒、温汤浸种、利用银色地膜覆盖预防蚜虫，设置组虫网、黄斑诱杀蚜虫、白粉虱、潜叶蝇等害虫的成虫，或配制糖醋液进行诱杀（按糖、醋、酒、水和90%敌百虫晶体3：3：1：10：0.6比例配成药液）。

3. 生物防治　积极保护害虫天敌和寄生者，如利用七星瓢虫捕食蚜虫，降低虫口密度；利用姬小蜂、分盾细蜂等寄生斑潜蝇；利用拟长毛绥螨捕杀红蜘蛛等；或利用性信息素、苦楝、印楝素等性诱剂、驱避剂控制虫害发生。同时可采用高效Bt乳剂、苏阿维、四季红、苦参素等生物药剂等防治病虫害。

4. 药剂防治　使用低毒农药，并应执行GB 8321—2000《农药合理使用准则》的相关规定，农药混剂的安全间隔期执行其中残留性最大的有效成分的安全间隔期。禁止使用的农药品种有：六六六、滴滴涕、毒杀芬、二溴氯丙烷、二溴乙烷、二氯杀螨醇、除草醚、杀虫脒、艾氏剂、汞制剂、砷、铅类、敌枯双、氟乙酰胺、甘氟、毒鼠强、氟乙酸钠、毒鼠硅、甲胺磷、甲基对硫磷、对硫磷、久效磷、磷胺、甲拌磷、乙拌磷、甲基异柳林、特丁硫磷、甲基硫环磷、治螟磷、内吸磷、克百威、涕灭威、灭线磷、硫环磷、蝇毒磷、地虫硫磷、氯唑磷、本线磷、乐果、水胺硫磷、敌杀死、速灭杀丁、氧化乐果、西维因。常见病虫害发生条件及防治一种病虫一般只施一次药，不宜随意增加次数，增大浓度。合理混用、轮换交替使用不同作用机制或具有负交互抗性的药剂，克服和推迟病、虫抗药性的产生和发展（表15）。

表15　塑料大棚甜瓜常见病虫害发生条件及防治

病虫害名称	传播途径	有利发生条件	农药名称	使用方法	安全间隔期（d）
猝倒病	种子、土壤、病残体、带菌肥料、灌溉水、雨水	土温10~15℃高湿	64%杀毒矾可湿性粉剂 50%多菌灵可湿性粉剂 65%防霉宝可湿性粉剂	500倍液喷雾 200倍液喷雾 400~600倍液喷雾	7~10

（续表）

病虫害名称	传播途径	有利发生条件	农药名称	使用方法	安全间隔期（d）
枯萎病	种子、土壤、病残体、带菌肥料、灌溉水昆虫、农具	连作、气温24~27℃、地温24~30℃，相对湿度80%以上、黏土地、酸性土壤、偏施氮肥、酸性肥	70%甲基托布津可湿性粉剂 10%双效灵水	800~1 000倍液喷雾 300倍液喷雾	10
蔓枯病	种子、土壤、病残体、农事操作、架材、灌溉水、雨水	气温18~25℃、相对湿度83%以上、连作、排水不良、密植、连阴雨、浇水过多、缺肥	75%百菌清可湿性粉剂 70%代森锰锌可湿性粉剂 40%福星乳油	600倍液喷雾 500倍液喷雾 8 000倍液喷雾	5~7
白粉病	水流、气流、田间病残体	气温20~25℃、相对湿度75%以上、管理粗放、密植不通风、偏施氮肥或施肥不足、浇水过多	50%甲基托布津可湿性粉剂 20%粉锈宁乳油 40%多硫悬浮剂 50%硫磺悬浮剂	1 000倍液喷雾 2 000倍液喷雾 300~500倍液喷雾 250倍液喷雾	7~10
病毒病	种子、田间宿根植物（刺儿菜、鸭跖菜）、蚜虫、黄守瓜马铃薯瓢虫、农事活动	高温、强日照、干旱、缺水缺肥、管理粗放	20%病毒A可湿性粉剂 1.5%植病灵乳剂 0.5%抗毒剂1号水剂	500倍液喷雾 1 000倍液喷雾 250~300倍液喷雾	5~7
美洲斑潜蝇	风、成虫短距离迁飞	气温19~28℃、相对湿度70%~90%以上、密植	1.8%阿维菌素乳油 5%锐劲特悬浮剂	3 000倍液喷雾 2 000~3 000倍液喷雾	10
白粉虱	成虫短距离迁飞	气温18~21℃	1.8%阿维菌素乳油 2.5%功夫乳油 10%吡虫啉可湿性粉剂	3 000倍液喷雾 2 000~3 000倍液喷雾 2 000~3 000倍液喷雾	10
瓜蚜	风、有翅蚜短距离迁飞	气温16~20℃	10%吡虫啉可湿性粉剂 50%扛蚜威可湿性粉剂 3%啶虫脒乳油 杀蚜烟剂	2 000~3 000倍液喷雾 2 000~3 000倍液喷雾 1 000~1 500倍液喷雾 每亩分成4到5堆，用暗火点着，密闭3d	10
叶螨（红蜘蛛）	爬行、风、病残体、农具、农事操作	气温29~31℃、相对湿度35%~55%	1.8%阿维菌素乳油 1.8%虫螨克乳油	3 000倍液喷雾 2 000倍液喷雾	10

（续表）

病虫害名称	传播途径	有利发生条件	农药名称	使用方法	安全间隔期(d)
根线虫病	水流、病残体、病土、病苗、垃圾、肥料、农具、农事操作	土温20~30℃、土壤持水量40%、地势南、土质疏松、透气性好、盐分低	70%甲基托布津可湿性粉剂 20%益舒宝颗粒剂 3%米乐尔颗粒剂 50%多菌灵可湿性粉剂	每亩2~4kg或4~6kg，混细土35~50kg，撒在深度20cm土壤中 500倍液掺土拌匀	30

（九）采收

一般薄皮甜瓜早熟品种授粉后22~25d成熟，中晚熟品种则需要30~40d；厚皮甜瓜早熟品种授粉后35~45d，晚熟品种需45~55d。中晚熟品种在当地销售时，应在果实完全成熟时采收，早熟品种及中晚熟品种在外地销售时可提前1~2d采收。

四、效益分析

（一）经济效益分析

将实现甜瓜生产亩增产300~500kg，亩增加产值600~1 200元，降低成本300~500元，每亩增加利润900~1 700元。

（二）生态、社会效益分析

通过集约化工厂育苗减少土地使用面积，通过嫁接技术减少土传病虫害发病概率，减少农药使用量。同时，通过地膜覆盖、无公害防病等技术的应用，能够改善项目区的土壤理化性状，减少土地面源污染，稳步提高地力，有效地保护生态环境。较少化肥和高毒、高残留农药的使用，减少激素使用，减少污染，保护水源。

五、适宜区域

东北地区保护地甜瓜主产区。

六、技术依托单位

联系单位：辽宁省农业科学院蔬菜研究所

联系地址：沈阳市沈河区东陵路84号

联 系 人：张家旺

电子邮箱：zhangjiawang1020@163. com

七、技术模式

详见表16。

保护地早春茬薄皮甜瓜
绿色高效生产技术模式

一、技术概况

该技术在河套灌区保护地早春茬薄皮甜瓜白莲脆生产中，采用“四膜”覆盖（即棚外膜+棚内膜+小拱膜+地膜）的栽培方式，强化田间管理，配合病虫物理及生物防治，从而有效提高棚温地温，早春不易受冻害，促进植株根健苗壮，增强抗逆性，病虫害发生少，确保薄皮甜瓜生产安全、农产品质量安全和农业生态环境安全，促进农业增产增效。它是贯彻落实“创新、协调、绿色、开放、共享”的五大发展理念的具体行动，是保证保护地“早春茬薄皮甜瓜绿色生产”的有效技术措施之一。

二、技术效果

采用“四膜”覆盖的栽培方式，极低气温时加盖草帘，与传统大棚二膜覆盖栽培模式相比较，棚温可以增加13℃左右，低温平均增加10℃左右，有非常明显的保温防冻效果；四膜覆盖早春茬甜瓜能提前10d左右移苗定植，其上市时间能提早7d左右，并且苗势强壮，病虫害发生少，产品果型好、口感脆甜，含糖量达到15%，单瓜重最大可达0. 8kg，平均亩产可达2 000 kg左右，产量较普通棚增加30%以上，平均亩经济效益在1. 2万元左右，经济效益显著提高。

三、技术路线

（一）选用品种

薄皮甜瓜种子质量应符合GB 16715. 1—2010《瓜菜作物种子》的规定，选抗病品种，如泽田系列。

（二）整地施基肥

薄皮甜瓜地应3~5年未重茬，并提前铺好棚外膜及棚内膜，定植前1周左右施足基肥，亩施农家肥1 000~1 500 kg，有机复合肥75kg，深耕土壤，改善土壤肥力和通气性，促进作物根系发达，增强作物适应性、抗性和对病害的免疫力。土壤深耕还可以杀死土壤中大量的有害病菌和害虫虫卵，降低秋茬有害生物基数。

（三）育苗

采用穴盘育苗，定植前7d左右适当控水降温，进行炼苗，撤去苗床上的覆盖物，温度降至7~8℃。幼苗长到4~5片真叶时定植。

（四）定植

1. 定植前准备　定植前2d，将棚室封闭，每100m^{3}用硫黄粉250g、锯末500g，混合均匀后装入 4~5 个小塑料袋中，傍晚分点布放，点燃后封闭大棚 1 夜，用于预防白粉病。

2. 定植方法　选择晴天上午定植。定植前，把整个穴盘的秧苗根部浸入 1 000 倍液秀苗药液中 1~2min，以利于生根壮根，定植后浇足定植水，双行种植，小行距 60cm，大行距 90cm，株距为 35~40cm，并铺盖小拱膜，定植后 7d 尽量少通风，白天可使棚内温度达到 30~35℃，夜间 15~20℃，以利于缓苗。

（五）加强田间管理

1. 温湿度管理　定植后，适宜甜瓜生长的温度为 20~31℃，高于 35℃时要加大通风量，延长放风时间。缓苗后，白天温度控制在 25~30℃，夜间不低于 15℃；坐果期白天 25~35℃，夜间尽量保持在 14℃以上，以利于糖分的积累与早熟；一般相对湿度在 50%~60%较为合适。

2. 水肥管理　分 4 次灌水，即定植水、缓苗水、花前水和膨瓜水。缓苗水在定植后 7~10d 浇，水不能太凉，水量要适当；进入开花期浇 1~2 次，不要浇的太晚，这个时候干旱易落花落果；绝大多数植株坐住瓜后，浇透膨瓜水一次，果实成熟前一周停止灌水，保持瓜的口味及品质。

如果基肥不充足可以喷洒水溶性有机叶面肥，第一次是在开花前，第二次是在果实膨大期。

（六）整枝

采用三蔓整枝，在主蔓第 4~6 节处选留两条健壮的子蔓，及时摘除主蔓及子蔓上的所有分杈（到瓜坐稳时为止），以及植株下部老叶、病叶等，并及时带出棚外处理，长出 7 片真叶后摘心。整枝应在晴天进行，阴雨天不要整枝打杈，以防伤口感染。

（七）病虫害防治

严格遵循“预防为主、综合防治”植保方针。由于采用“四膜”覆盖的栽培方式，强化田间管理，促进了植株根健苗壮，增强抗逆性，病虫害发生少，对甜瓜产量和品质不造成影响，加之薄皮甜瓜生育期较短，因此只需加强农业防治及物理防治即可，必要时辅以药剂防治，选用高效、低毒、低残留的农药和与环境相容的生物农药。

1. 农业防治　合理轮作，与非瓜类作物轮作 3 年以上。加强田间管理，合理整枝，使田间通风良好；采用膜下滴灌或膜下暗灌的方式，尽量降低温室内的相对湿度，避免侵染性病害的发生；及时清洁田园及时中耕，清除田间及周边杂草；收获后及时清洁田园，集中处理残株落叶，减少菌源和虫源。

2. 物理防治　在棚外膜通风口处设置防虫网，棚内悬挂黄蓝板可诱杀蚜虫、白粉虱、潜叶蝇等害虫。

四、效益分析

（一）经济效益

平均亩产可达 2 000 kg 左右，产量较普通棚增加 30%以上，单价达到 12.0 元/kg，平均亩经济效益在 1.2 万元左右，经济效益显著提高。

（二）生态、社会效益

采用“四膜”覆盖的栽培方式，强化田间管理，配合病虫农业及物理防治，从而有效达到提高棚温地温，早春不易受冻害，促进植株根健苗壮，增强抗逆性，病虫害发生少，对甜瓜产量和品质不造成影响，确保薄皮甜瓜生产安全、农产品质量安全和农业生态环境安全。

与传统大棚二膜覆盖栽培模式相比较，四膜覆盖早春茬甜瓜能提前 10d 左右移苗定植，其上市时间能提早 7d 左右，提前抢占市场，价钱高，效益好，确保农民收益，提高了农民科学种田意识及种植积极性，而且四膜覆盖也是保证保护地“早春茬薄皮甜瓜绿色生产”的有效技术措施之一。

五、适宜区域

早春茬保护地薄皮甜瓜主产区。

六、技术依托单位

联系单位：巴彦淖尔市农牧业技术推广中心
联系地址：内蒙古巴彦淖尔市临河区新华西街
联 系 人：吴少刚
电子邮箱：bsnjtgzxjzk@163.com

七、技术模式

详见表 17。

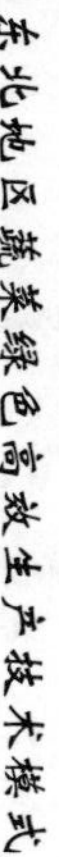

表 14　日光温室早春茬甜瓜绿色高效生产技术模式

<table>
<tr><td colspan="2" rowspan="2">项目</td><td colspan="3">2 月</td><td colspan="3">3 月</td><td colspan="3">4 月</td><td colspan="3">5 月</td><td colspan="3">6 月</td><td colspan="3">7 月</td><td colspan="3">8 月</td><td colspan="3">9 月</td><td colspan="3">10 月</td><td colspan="3">11 月</td><td colspan="3">12 月</td></tr>
<tr><td>上</td><td>中</td><td>下</td><td>上</td><td>中</td><td>下</td><td>上</td><td>中</td><td>下</td><td>上</td><td>中</td><td>下</td><td>上</td><td>中</td><td>下</td><td>上</td><td>中</td><td>下</td><td>上</td><td>中</td><td>下</td><td>上</td><td>中</td><td>下</td><td>上</td><td>中</td><td>下</td><td>上</td><td>中</td><td>下</td><td>上</td><td>中</td><td>下</td></tr>
<tr><td rowspan="3">生育期</td><td>冬春茬</td><td colspan="2">定植期</td><td colspan="3">营养生长</td><td colspan="3">果实膨大</td><td colspan="2">成熟</td><td colspan="21"></td><td colspan="2">播种期</td></tr>
<tr><td>春茬</td><td colspan="3"></td><td></td><td colspan="3"></td><td></td><td colspan="2"></td><td colspan="2"></td><td colspan="2"></td><td colspan="19"></td></tr>
<tr><td>秋茬</td><td colspan="17"></td><td colspan="2"></td><td colspan="2"></td><td></td><td colspan="11"></td></tr>
<tr><td colspan="2">主控对象</td><td colspan="6">枯萎病、蔓枯病、疫病</td><td colspan="8">霜霉病、细菌性角斑病、病毒病</td><td colspan="6">蚜虫、蓟马、白粉虱</td><td colspan="6">白粉病</td><td colspan="7">猝倒病</td></tr>
<tr><td colspan="2" rowspan="3">防治措施</td><td colspan="4">选种</td><td colspan="2">嫁接、土壤消毒</td><td colspan="11">生物药剂、环境调控、水肥一体化、熊蜂授粉技术</td><td colspan="3">黄板、防虫网</td><td colspan="13">生物药剂、农艺措施</td></tr>
<tr><td colspan="7"></td><td colspan="26">药剂防治</td></tr>
<tr><td colspan="4"></td><td colspan="29">杀虫灯</td></tr>
<tr><td colspan="2">技术路线</td><td colspan="33">1. 选种：选用翠宝和花蕾等抗病、抗逆、高产优质品种
2. 嫁接：防控土传病害
3. 物理防控：防虫网、黄板防控蚜虫、白粉虱、蓟马
4. 农艺措施：环境调控技术、土壤消毒技术、水肥一体化技术
5. 生物技术：熊蜂授粉技术、土壤有益菌提升技术
6. 药剂防治：白粉病用 15% 的三唑酮可湿性粉剂 2 000 倍液喷雾防治；细菌性角斑病用 72% 农用链霉素 5 000 倍液防治。蚜虫用 10% 吡虫啉粉剂 2 000 倍液防治</td></tr>
<tr><td colspan="2">适用范围</td><td colspan="33">辽宁省甜瓜冬春茬日光温室栽培</td></tr>
<tr><td colspan="2">经济效益</td><td colspan="33">将实现甜瓜生产亩增产 500~1 000 kg，亩增加产值 1 000~2 000 元，降低成本 300~500 元，每亩增加利润 1 300~2 500 元</td></tr>
</table>

表 16　塑料大棚甜瓜春茬绿色高效生产技术模式

<table>
<tr><td colspan="2" rowspan="2">项目</td><td colspan="3">2月</td><td colspan="3">3月</td><td colspan="3">4月</td><td colspan="3">5月</td><td colspan="3">6月</td><td colspan="3">7月</td><td colspan="3">8月</td><td colspan="3">9月</td><td colspan="3">10月</td><td colspan="3">11月</td><td colspan="3">12月</td></tr>
<tr><td>上</td><td>中</td><td>下</td><td>上</td><td>中</td><td>下</td><td>上</td><td>中</td><td>下</td><td>上</td><td>中</td><td>下</td><td>上</td><td>中</td><td>下</td><td>上</td><td>中</td><td>下</td><td>上</td><td>中</td><td>下</td><td>上</td><td>中</td><td>下</td><td>上</td><td>中</td><td>下</td><td>上</td><td>中</td><td>下</td><td>上</td><td>中</td><td>下</td></tr>
<tr><td rowspan="3">生育期</td><td>冬春茬</td><td colspan="33"></td></tr>
<tr><td>春茬</td><td colspan="3"></td><td colspan="2">播种期</td><td colspan="4">育苗期</td><td colspan="2">定植</td><td colspan="2">营养生长</td><td colspan="3">果实膨大期</td><td colspan="3">成熟期</td><td colspan="14"></td></tr>
<tr><td>秋茬</td><td colspan="33"></td></tr>
<tr><td colspan="2">主控对象</td><td colspan="6">枯萎病、蔓枯病、疫病</td><td colspan="8">霜霉病、细菌性角斑病、病毒病</td><td colspan="5">蚜虫、蓟马、白粉虱</td><td colspan="5">白粉病</td><td colspan="9"></td></tr>
<tr><td colspan="2" rowspan="3">防治措施</td><td colspan="3">选种</td><td colspan="3">嫁接、土壤消毒</td><td colspan="11">生物药剂、环境调控、水肥一体化、熊蜂授粉技术</td><td colspan="4">黄板、防虫网</td><td colspan="12">生物药剂、农艺措施</td></tr>
<tr><td colspan="6"></td><td colspan="27">药剂防治</td></tr>
<tr><td colspan="3"></td><td colspan="30">杀虫灯</td></tr>
<tr><td colspan="2">技术路线</td><td colspan="33">1. 选种：选用航天 2 号和金妃、辽甜 11 号等抗病、抗逆、高产优质品种
2. 嫁接：防控土传病害
3. 物理防控：防虫网、黄板防控蚜虫、白粉虱、蓟马
4. 农艺措施：环境调控技术、土壤消毒技术、水肥一体化技术
5. 生物技术：熊蜂授粉技术、土壤有益菌提升技术
6. 药剂防治：白粉病用 15%的三唑酮可湿性粉剂 2 000 倍液喷雾防治；细菌性角斑病用 72%农用链霉素 5 000 倍液防治。蚜虫用 10%吡虫啉粉剂 2 000 倍液防治</td></tr>
<tr><td colspan="2">适用范围</td><td colspan="33">辽宁省甜瓜春冷棚栽培</td></tr>
<tr><td colspan="2">经济效益</td><td colspan="33">将实现甜瓜生产亩增产 300~500kg，亩增加产值 600~1 200 元，降低成本 300~500 元，每亩增加利润 900~1 700 元</td></tr>
</table>

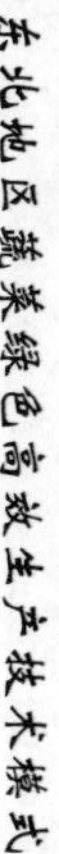

表 17　河套灌区保护地早春茬薄皮甜瓜白莲脆四膜覆盖绿色高效生产技术模式

<table>
<tr><td colspan="2" rowspan="2">项目</td><td colspan="3">2月</td><td colspan="3">3月</td><td colspan="3">4月</td><td colspan="3">5月</td><td colspan="3">6月</td><td colspan="3">7月</td><td colspan="3">8月</td><td colspan="3">9月</td><td colspan="3">10月</td></tr>
<tr><td>上</td><td>中</td><td>下</td><td>上</td><td>中</td><td>下</td><td>上</td><td>中</td><td>下</td><td>上</td><td>中</td><td>下</td><td>上</td><td>中</td><td>下</td><td>上</td><td>中</td><td>下</td><td>上</td><td>中</td><td>下</td><td>上</td><td>中</td><td>下</td><td>上</td><td>中</td><td>下</td></tr>
<tr><td rowspan="3">生育期</td><td>早春茬</td><td colspan="3"></td><td colspan="3">育苗期</td><td>定植</td><td colspan="2">苗期</td><td>抽蔓期</td><td>坐果期</td><td>膨瓜期</td><td colspan="3">收获期</td><td colspan="12"></td></tr>
<tr><td>秋茬</td><td colspan="27"></td></tr>
<tr><td>秋白菜</td><td colspan="27"></td></tr>
<tr><td colspan="2">主控对象</td><td colspan="7"></td><td colspan="6">白粉病、疫病、蚜虫、白粉虱、潜叶蝇、烟粉虱等</td><td colspan="14"></td></tr>
<tr><td colspan="2">防治措施</td><td colspan="5">选种</td><td colspan="5">四膜覆盖</td><td colspan="5">强化田间管理</td><td colspan="12">农业、物理防治为主，化学防治为辅</td></tr>
<tr><td colspan="2">技术路线</td><td colspan="27">1. 选种：如泽田系列
2. 采用四膜覆盖栽培技术：即棚外膜+棚内膜+小拱膜+地膜
3. 强化田间管理：控制温湿度，加强水肥管理
4. 合理轮作，与非瓜类作物轮作 3 年以上，清洁田园
5. 在棚外膜通风口处设置防虫网，棚内悬挂黄蓝板可诱杀蚜虫、白粉虱、潜叶蝇等害虫
6. 选用高效、低毒、低残留的农药和与环境相容的生物农药</td></tr>
<tr><td colspan="2">适用范围</td><td colspan="27">早春茬保护地薄皮甜瓜主产区</td></tr>
<tr><td colspan="2">经济效益</td><td colspan="27">平均亩产可达 2 000 kg 左右，产量较普通棚增加 30%以上，单价达到 12.0 元/kg，平均亩经济效益在 1.2 万元左右，经济效益显著提高</td></tr>
</table>

第五章

东北地区胡萝卜
绿色高效生产技术模式

大棚胡萝卜绿色高效生产技术

一、技术概况

在大棚胡萝卜生长过程中，重点推广“一节一密六推”技术，主要包括微喷（滴）灌节水技术、合理密植技术、推广优良新品种、推广机械化栽培技术、推广测土配方施肥技术、推广抗重茬技术、推广病虫草防治技术、推广胡萝卜种子绳精量播种技术。在提高胡萝卜质量安全水平的同时，商品质量也明显提高，而且有效节约种子用量，节约人工成本，节本增效效果显著。

二、技术效果

通过积极开展科技培训、技术指导、现场观摩培训等形式多样的工作，提升农民的科技素质和生产水平，实现胡萝卜优质、高效、安全、无公害的生产目标，使胡萝卜亩增产 1 000kg 以上，增产率 30%以上，有力地促进了赤峰市胡萝卜产业的发展。

三、技术路线

（一）引进并推广优良品种

胡萝卜采用种子绳播种，对品种种子质量要求较高，需选择纯度不低于 98%，净度不低于 98%，发芽率高于 80%的杂交品种，同时兼备中熟、耐抽薹、抗病性强、品质好、产量高等优良特性，生产区主要推广了凯撒系列、华农 868、德尔红 88、红玉 9 号等十余个优良品种，实现良种覆盖率 100%。

（二）大棚双茬生产技术

采取第一茬胡萝卜生产早扣棚、早种植、早上市；第二茬胡萝卜或大白菜接茬种植。第一茬胡萝卜于 4 月 20 日前完成播种，7 月中旬收获，第二茬胡萝卜或大白菜在第一茬收获后及时播种，胡萝卜 8 月 5 日前完成播种，大白菜 8 月 15 日前完成播种，于 11 月中旬收获，实现大棚双茬种植，获得较好的收益。

（三）种子绳播技术

绳播技术是将胡萝卜种子经过包衣机进行包衣，再用缠绳机将种子按 3~5cm 的距离裹到种绳内，播种时直接用胡萝卜播种机，将种绳播到地里的精量播种技术。绳播技术的应用大大提高了胡萝卜生产区的播种作业效率，并且提高了胡萝卜的整齐度和商品率，同时降低了种子用量和人工间苗成本。亩种子用量节省费用为 390~1 200 元；降低人工间苗费用 70%以上；商品产出率比传统播种提高 17%以上。

（四）测土配方施肥技术

依据土壤养分状态，推广测土配方施肥技术。随水重施追肥，结束蹲苗时，每亩

随滴灌浇水追施液态冲施肥 5kg，在肉质根膨大期，再次随滴灌浇水追施液态冲施肥 20kg。

（五）播种及示范推广滴灌带节水灌溉技术

应用胡萝卜专用播种机实现了起垄、播种、覆盖、镇压、覆膜、喷除草剂一体化进行，每茬每亩用种量 0.2kg 左右，用胡萝卜专用播种机作畦，畦宽 60cm，每畦播种 4 行，行距为 15cm，利用种子绳进行精量播种，同时，进行镇压、铺设滴灌带、覆 90cm 地膜。

（六）推广抗重茬技术

1. 合理轮作　通过与病原菌的非寄主作物轮作减少土壤中病原菌的数量，轮作的作物可以是蔬菜，也可以选择其他作物。

2. 选用抗病品种　在生产中选用抗土传病害的国内外优秀品种。

3. 生物防治土传病菌措施　施用土壤抗重茬菌剂，充分利用有益菌的寄生、杀灭或竞争作用减少土壤中病原菌的数量以及对根系的侵染，防止病害传播和蔓延。

（七）病虫害综合防治技术

选用抗病品种，优先采用农业防治，配合合理的化学防治。

1. 农业防治　选用抗（耐）病品种，与禾本科作物进行 2~3 年的轮作，优化栽培管理措施，减少病虫源基数和侵染机会。

2. 物理防治　利用频振式杀虫灯诱杀斜纹夜蛾和甜菜夜蛾等鳞翅目害虫。

3. 化学防治

（1）主要病害及防治：黑斑病、黑腐病、斑点病发病初期喷洒 58%甲霜灵·锰锌可湿性粉剂 600 倍液，或 75%百菌清可湿性粉剂 600 倍液、50%扑海因可湿性粉剂 1 000~1 500 倍液喷雾。

软腐病：发病初期可用敌克松原粉加水 1 000 倍灌根，或用农用链霉素 200mg/L 浓度的药液灌根。后期药剂可选用 77%可杀得可湿粉 2 000 倍液，或 50%福美双可湿粉 500 倍液喷雾。

（2）主要虫害及防治：蚜虫可选用 50%抗蚜威 2 000~3 000 倍液、或 10%吡虫啉 1 500 倍液、或 25%阿克泰 3 000~5 000 倍液、或 40.7%乐斯本 EC 800~1 000 倍液、或 2.5%天王星 EC 2 000~ 3 000 倍液喷雾。

地老虎：用敌百虫、辛硫磷与炒香的油饼与麦麸配成的毒饵于傍晚前撒于田间。

四、效益分析

（一）经济效益分析

第一茬胡萝卜平均亩产量 4 780 kg，比目标产量 3 500 kg，亩增产 1 280 kg，增产率 36.57%，亩增产值 1 792 元；第二茬种植的是胡萝卜、大白菜，其中胡萝卜平均亩

产量3 200 kg，亩产值4 480元；大白菜平均亩产量8 600 kg，亩产值4 300元，经济效益显著。

（二）生态、社会效益分析

1. 生态效益　通过实现能源的减量化和资源的高效利用，减少了种子、肥料和农药的使用量，节能、节地、节水、节肥、节药效果显著，提高了产品品质，改善了生态环境。

2. 社会效益　通过展示、示范新技术，实现农业科技成果的产业化开发，增强农民科学种田意识；通过宣传、示范、推广，扩大中心示范能力，促进农业生产向产业化、多元化、持续化发展。

五、适宜区域

赤峰北纬43°以南地区大棚胡萝卜生产区。

六、技术依托单位

联系单位：赤峰市经济作物工作站
联系地址：赤峰市新城区全宁街农牧业局经作站
联 系 人：靳玉荣
电子邮箱：jinyubaihe@ 163. com
联系单位：赤峰市翁牛特旗经济作物管理站
联系地址：赤峰市翁牛特旗农牧业局
联 系 人：王久春
电子邮箱：wjc1606@ 126. com

七、技术模式

详见表18。

塑料大棚胡萝卜
绿色高效生产技术模式

一、技术概况

全县播种面积1万多亩，主要围绕平安堡镇十里村种植，一年两茬。推广应用重施有机肥、多层覆盖、机械播种、生物物理防治病虫害、预冷储藏等技术和措施，确保蔬菜生产安全、农产品质量安全和农业生态环境安全，促进农业增产增效。它是落实“绿色植保”理念的具体行动，也是政府解决农产品质量安全的抓手；是保证生产“绿色蔬菜”行动的重要技术措施。

二、技术效果

推广应用胡萝卜绿色生产栽培技术，节省种子用量40%以上，减少农药用量60%左右，节省用工20%，产品合格率达到100%，胡萝卜亩增产20%以上，亩增收1 400元左右。

三、技术路线

1. *早扣棚膜，提高地温*　新棚上一年上冻前完成建棚扣膜，老棚棚膜不撤，这样能尽早提高地温。

2. *多层覆盖，提早播种*　大棚内再加2层塑料膜，能够保持棚内温度，达到提早播种。

3. *选用新品种，机械播种*　选用高产优质品种“幕田株红”，种子用播种塑料膜带处理后，用机械播种，出苗率高、整齐，免去人工间苗麻烦。

4. *重施有机肥，全程滴管*　前一年整好地，亩施腐熟农家肥1万kg左右，并采用滴灌模式，降低棚内湿度，减少病害发生，不打农药。

5. 设施内应用杀虫灯、张挂黄（蓝）粘板诱杀害虫。

6. 收获清洗后，采用冷库预冷处理，提高胡萝卜产品质量。

四、效益分析

（一）经济效益分析

第一茬胡萝卜：2月20日播种，6月5日开始收获上市，亩产胡萝卜5t，批发每千克平均价格2.4元左右，亩产值12 000元；第二茬胡萝卜：6月25日开始播种，10月20日开始收获上市，亩产量4t，批发每千克平均价格1.4元左右，亩产值5 600元。

以上两茬胡萝卜亩产量9t，亩产值17 600元，亩纯收入11 000元。

（二）生态、社会效益分析

此生产模式为绿色生产栽培，对环境没有任何破坏污染，而且提倡重施农家肥，采用生物物理防治害虫，产品质量合格，同时也促进了新农村建设。冷棚胡萝卜生产已经成为当地一项富民主导产业，平安堡镇十里村被评为全省“胡萝卜生产第一村”。

五、适宜区域

辽宁北部和周边地区。

六、技术依托单位

联系单位：昌图县农村经济发展局

联 系 人：杨茂勇、王颖

电子邮箱：ctscj@ 163. com

七、技术模式

详见表 19。

露地红胡萝卜
绿色高效生产技术模式

一、技术概况

乌兰察布市察右中旗是红胡萝卜主要生产区，由于紧邻牧区，有机肥源充裕，施肥以腐熟的羊粪为主，配施少量的化肥，生产的红胡萝卜达到绿色食品标准，2001 年经中国绿色食品发展中心批准，察右中旗的红胡萝卜被确定为 A 级绿色食品，并注册“草原参”商标。2013 年，国家质量监督检验检疫总局正式批准“察右中旗红萝卜”为“国家地理标志保护产品”，将察右中旗的乌素图镇、铁沙盖镇、巴音乡、库仑苏木、广益隆镇共 5 个乡镇苏木现辖行政区域列为察右中旗红胡萝卜保护范围。

生产技术上有以下几方面的改良：一是将过去的大水漫灌改为节水微喷或滴灌，既节水又利于提高地温。二是实现了红胡萝卜播种和收获机械化。三是施肥以腐熟有机肥为主，配方施肥。四是病虫害防治上采取农业防治、物理防治、生物防治与化学防治相结合。

二、技术效果

由于采用微喷灌溉、过去浇 1 亩地需两个人用 1~1. 5h，现在一个人浇 5 亩地只用 2h。过去人工播种 0. 5~1 亩/(人 · 天)，而使用 4 行播种机 7 亩/(人 · 天)，机播效率提高 7~14 倍。收获时人工起挖 1 亩红胡萝卜需 1. 5 个人工，折合成本 150 元/1 人工×1. 5=225 元。用收获机仅用 10min 即可完成，成本为 100 元。两项比较，用收获机收获红萝卜每亩可节省人工成本 125 元。

三、技术路线

（一）品种选择

选择抗耐病虫、优质丰产、抗逆性强、适应性广，商品性能好的品种。

（二）精细整地

实行秋翻、春耙耕，深耕 30cm，达到地平土碎，无根茬。

（三）适时播种

在 5 月下旬播种，春播行距 20cm，夏播行距 23cm，播深 3cm，用种 0.3kg/亩，播后覆土 1cm 厚镇压。

（四）田间管理

1. 间苗锄草　当幼苗 2~3 片真叶时进行第一次疏苗，拔去拥挤苗，结合间苗进行行间浅除草松土。当幼苗 3~4 片真叶时，进行第二次间苗，苗距保持 3cm。在 5~6 片真叶时进行定苗，保持株距 7~10cm，留苗 2.5 万~3 万株/亩，结合培土中耕除草 1 次。

2. 合理浇水　从播种至出苗时间较长，应经常轻浇水，保持土壤湿润，出苗后幼苗期进行蹲苗。当胡萝卜肉质根长到 2cm 粗时，是肉质根生长最快的时期，也是对水分、养分需求量最多的时期，时间 40~45d，灌水 3~4 次。

（五）施肥

1. 基肥　施以羊粪为主的优质有机肥 3 000 kg/亩，硫酸钾 10kg/亩，磷酸二铵 10kg/亩。

2. 追肥　在定苗后进行第一次追肥，追施尿素 10kg/亩。在肉质根膨大期进行第二次追肥，追施氮磷钾复合肥 10kg/亩。

（六）采收

1. 采收时间　当肉质根充分膨大，颜色鲜艳，下部部分叶片开始发黄时即可采收。

2. 采收标准

见表 20。

表 20　产品分级标准

项目	一级	二级	三级
感官特征	长度≥25cm 直径≥4cm 肉质根重≥250g	长度 20cm 肉质根重 200g 胡萝卜单体间相差 不超过 30g	长度≥15cm 肉质根重≥150g 胡萝卜单体间相差 不超过 50g

四、效益分析

（一）经济效益分析

红胡萝卜种植成本及效益分析，1 亩地种子投入 256.7 元，农药投入 12.7 元，化肥投入 86.1 元，农家肥投入 159.3 元，灌溉费 123.4 元，其他费用 107.2 元，成本合

计 745.3 元。亩产量 4 072 kg，出售量 3 230 kg，商品率 79%，出售平均单价 0.215 元/kg，亩产值 2 777.8 元，亩纯收益 2 032.5 元。

（二）社会效益分析

察右中旗先后在乌素图、巴音和铁沙盖三个乡镇建成了五大胡萝卜交易市场，市场总占地面积约 30 万 m^2，日交易量达 6 000 多 t，日交易额 450 多万元。每年在红胡萝卜上市期间，五大市场为周边富余劳动力创造近 3 000 个就业岗位，有效地拉动了第三产业的快速发展。

（三）生态效益分析

由于注重肥料的科学合理使用，加之病虫害绿色防控，微喷灌溉和机械化作业的应用，大大减少了农药和化肥残留，减少了对土壤的毒害作用，提高了土壤肥力，最大限度地保护了生态环境。

五、适宜区域

适用于乌兰察布市红胡萝卜生产种植区。

六、技术依托单位

联系单位：乌兰察布市经济作物工作站

联系地址：乌兰察布市新区察哈尔西街 27 号

联 系 人：包南帝娜

电子邮箱：nandina33@163.com

七、技术模式

详见表 21。

表 18　赤峰大棚胡萝卜绿色高效生产技术模式

项目		3月			4月			5月			6月			7月			8月			9月			10月			11月		
		上	中	下	上	中	下	上	中	下	上	中	下	上	中	下	上	中	下	上	中	下	上	中	下	上	中	下
生育期	第一茬			播种期			幼苗期		莲座期		肉质根生长期				收获期													
	第二茬 胡萝卜															播种期		幼苗期			莲座期		肉质根生长期				收获期	
	第二茬 大白菜															播种期			幼苗期		莲座期		结球期			收获期		
技术路线	重点推广“一节一密六推”技术，主要包括微喷（滴）灌节水技术、合理密植技术、推广优良新品种、推广机械化栽培技术、推广测土配方施肥技术、推广抗重茬技术、推广病虫草防治技术、推广胡萝卜种子绳精量播种技术																											
适用范围	赤峰北纬43°以南地区大棚胡萝卜生产区																											
经济效益	第一茬胡萝卜平均亩产量 4 780 kg，比目标产量 3 500 kg，亩增产 1 280 kg，增产率 36. 57%，亩增产值 1 792 元，第二茬种植的是胡萝卜、大白菜，其中胡萝卜平均亩产量 3 200 kg，亩产值 4 480 元；大白菜平均亩产量 8 600 kg，亩产值 4 300 元，经济效益显著																											

表 19　辽宁昌图塑料大棚胡萝卜绿色高效生产技术模式

项目		2月			3月			4月			5月			6月			7月			8月			9月			10月		
		上	中	下	上	中	下	上	中	下	上	中	下	上	中	下	上	中	下	上	中	下	上	中	下	上	中	下
生育期	春茬	播种期			苗期				根茎膨大期					收获期														
	秋茬															播种期	苗期			根茎膨大期							收获期	
技术路线		1. 早扣棚膜，提高地温：新棚上一年上冻前完成建棚扣膜，老棚棚膜不撤，这样能尽早提高地温 2. 多层覆盖，提早播种：大棚内再加 2 层塑料膜，能够保持棚内温度，达到提早播种 3. 选用新品种，机械播种：选用高产优质品种“幕田株红”，种子用播种塑料膜带处理后，用机械播种，出苗率高、整齐，免去人工间苗麻烦 4. 重施有机肥，全程滴管：前一年整好地，亩施腐熟农家肥 1 万 kg 左右，并采用滴灌模式，降低棚内湿度，减少病害发生，不打农药 5. 设施内应用杀虫灯、张挂黄（蓝）粘板诱杀害虫 6. 收获清洗后，采用冷库预冷处理，提高胡萝卜产品质量																												
适用范围		辽宁北部及周边地区																										
经济效益		冷棚胡萝卜两茬亩总产 9t，产值 17 600 元，亩纯收入 11 000 元																										

表 21　乌兰察布露地红胡萝卜绿色高效生产技术模式

项目	5月			6月			7月			8月			9月		
	上	中	下	上	中	下	上	中	下	上	中	下	上	中	下
生育期			播种	发芽期	幼苗期	幼苗生长期	生长期	生长期	生长期	膨大期	膨大初期	膨大中期	快速膨大期	收获期	收获期
技术路线	1. 品种选择：选择抗耐病虫、优质丰产、抗逆性强、适应性广、商品性能好的品种 2. 精细整地：实行秋翻、春耙耕，深耕 30cm，达到地平土碎，无根茬 3. 适时播种：在 5 月下旬播种，春播行距 20cm，夏播行距 23cm，播深 3cm，用种 0. 3kg/亩，播后覆土 1cm 厚镇压 4. 间苗锄草：当幼苗 2~3 片真叶时进行第一次疏苗，拔去拥挤苗，结合间苗进行行间浅除草松土。当幼苗 3~4 片真叶时，进行第二次间苗，苗距保持 3cm。在 5~6 片真叶时进行定苗，保持株距 7~10cm，留苗 2. 5~3 万株/亩，结合培土中耕除草 1 次 5. 合理浇水：从播种至出苗时间较长，应经常轻浇水，保持土壤湿润，出苗后幼苗期进行蹲苗。当胡萝卜肉质根长到 2cm 粗时，是肉质根生长最快的时期，也是对水分、养分需求量最多的时期，时间 40~45d，灌水 3~4 次 6. 基肥：施以羊粪为主的优质有机肥3 000kg/亩，硫酸钾 10kg/亩，磷酸二铵 10kg/亩 7. 追肥：在定苗后进行第一次追肥，追施尿素 10kg/亩。在肉质根膨大期进行第二次追肥，追施氮磷钾复合肥 10kg/亩 8. 采收：当肉质根充分膨大，颜色鲜艳，下部部分叶片开始发黄时即可采收															
适用范围	乌兰察布市红胡萝卜生产种植区														
经济效益	亩产值 2 777. 8 元，亩纯收益 2 032. 5 元														

第六章

东北地区茄子
绿色高效生产技术模式

茄子老秧再生绿色高效生产技术模式

一、技术概述

根据茄子分枝能力较强的生理特性，大棚茄子春茬栽培，在露地茄子大量上市时，修剪再生，秋霜后再结果上市，达到疏旺补淡、增加农民收入的目的。通过选用优良品种、培育适龄壮苗、合理密植、肥水管理、适时摘心、加强剪枝后管理、科学防控病虫害等配套技术措施，实现一种两收，增加单位面积产量，延长采收期。

二、技术效果

大棚茄子老株再生栽培技术充分利用地力和光能，克服重茬和夏季育苗给生产带来的困难，解决茄子生长后期植株衰老、通风透光差、产量下降、品质变劣等问题，以延长供应期，满足市场需求。

三、技术路线

（一）选用优良品种

选用抗病、优质品种黑龙长茄、梦辉28、改良大龙、哈茄1号、哈茄v8。

（二）育苗

大棚春季生产2月初温室播种，浸种24h后，25~30℃催芽，50%以上出芽时便可播种。1~2片真叶时，用9cm×9cm营养钵分苗，营养土配比：50%的大田土，40%的腐熟农家肥，10%的草炭土。日历苗龄60~70d，生理苗龄8~9片真叶。4月中下旬定植。

（三）栽培技术

1. 扣棚整地施肥　春茬大棚栽培在定植前15~20d扣棚烤地，提高地温，并在大棚四周增设围裙防寒保温。亩施经无害化处理并添加适量钙、镁、铁等中微量元素的优质农家肥4~5t，磷酸二铵和硫酸钾各15~20kg，撒施后机械旋耕两遍后起垄。

2. 适时定植与合理密植　茄子8~9片真叶、现蕾时定植。设施内地表下10cm土温稳定通过10℃时定植。垄距60cm，株距37~40cm，亩保苗2 800~3 000株。

3. 肥水管理　门茄膨大时开始追肥，每亩施三元复合肥25kg，溶解后随水冲施。对茄采收后每亩追施磷酸二铵15kg，硫酸钾10kg。保持土壤见干见湿。

4. 植株调整　二杈整枝，适时摘心，使养分合理利用，促果膨大。保留紧靠门茄下面的一个侧枝（顶门杈），把以下的所有侧枝全部打掉，所保留的2个杈上很快结出对茄；再保留紧靠对茄下面的各一个侧枝，将其下面的侧枝全部打掉，在所保留的

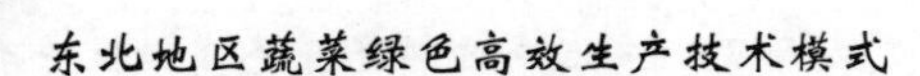

4 个杈上又各结 1 个果，即四门斗；再按以上方式保留紧靠四门斗下面的各 1 个侧枝，将其下面的侧枝全部打掉。一般整枝到四门斗结束，此时为茄子的生长高峰期，以后不必整枝，任其生长。

5. 老株再生栽培技术　植株更新“八面风”开花后掐尖。7 月 15 日前追施高氮冲施肥 10~15kg，7 月末把茄子地面二叉枝以上的枝条全部剪掉，只留植株的基部或分叉，每株选留 2~3 个健壮幼芽，除掉其余幼芽。同时清除田间枝、叶、杂草，控制害虫对幼芽的损害。再生后肥水管理应注意剪完枝要迅速浇水，适当遮阴。为促进根系生长，冲施腐植酸类肥料 2 次。隐芽萌发后为控制徒长，应视情况喷施 50%矮壮素 2 000~2 500 倍液，门茄坐果后为促进果实膨大，每亩施复合肥 30kg，进入结果盛期后每 7~8d 浇水一次，注意化肥与有机肥交替施用，每亩可以追施尿素 15kg 和硫酸钾 7~10kg，并配合喷施叶面肥。

6. 病虫害防治

（1）黄萎病：用 80%乙蒜素乳油 2 000 倍液灌根、50%琥胶肥酸铜（DT）可湿性粉剂 350 倍液，每株灌对好的药液 0. 25L。生物农药：每亩用千亿枯草芽孢杆菌 50~200g 加黄腐酸对水灌根，每株灌对好的药液 0. 25L。

（2）猝倒病：用 72. 2%普力克 600 倍液或 64%杀毒矾 600 倍液喷淋防治。

（3）灰霉病：用 50%异菌脲可湿性粉剂、50%嘧菌环胺水分散粒剂 1 000 倍液、40%嘧霉胺悬浮剂 1 200 倍液喷雾防治，7d 喷一次，连喷 2~3 次，注意轮换用药。生物农药：用 2. 1%丁子 · 香芹酚水剂稀释 300 倍液、每亩用千亿枯草芽孢杆菌 15~30g 或寡雄腐霉7 500~10 000倍液喷雾。

（4）蚜虫、蓟马：用 10%吡虫啉可湿性粉剂每亩 20~40g，或 25%噻虫嗪水分散粒剂5 000~10 000倍液喷雾。蓟马还可用 2. 5%乙基多杀菌素悬浮剂1 000~1 500倍液喷雾。

（5）红蜘蛛：34%螺螨酯悬浮剂4 000~5 000倍液，20%哒螨灵可湿性粉剂2 500~3 000倍液、2. 5%联苯菊酯微乳剂 2 000 倍液喷雾防治。生物农药：0. 5%藜芦碱可溶液剂 300 倍液喷雾。

四、效益分析

（一）经济效益分析

每亩春茬产量 2 500 kg，平均销售价格每千克 2. 8 元，收入 7 000 元；秋茬产量 1 800 kg，平均销售价格每千克 2. 4 元，收入 4 320 元。合计 11 320 元。亩投入 5 200 元，其中，种苗 1 000 元，水电 300 元，肥药 1 100 元，棚室折旧 1 000 元，人工 1 800 元。亩效益 6 120 元

（二）生态、社会效益分析

有利于调整优化当地农业种植业结构，促进茄子生产，增加农民收入，满足市场

供应。

五、适宜区域

东北地区设施蔬菜主产区。

六、技术模式

详见表22。

表 22　东北地区茄子老株再生绿色高效生产技术模式

项目	1月			2月			3月			4月			5月			6月			7月			8月			9月			10月			11月			12月		
	上	中	下	上	中	下	上	中	下	上	中	下	上	中	下	上	中	下	上	中	下	上	中	下	上	中	下	上	中	下	上	中	下	上	中	下
生育期				播种								定植							采收		剪枝				采收											

项目	内容
技术路线	1. 品种选择：选用抗病、优质品种黑龙长茄、梦辉 28、改良大龙、哈茄 1 号、哈茄 v8 2. 育苗：浸种催芽。营养土配比为 50%的大田土，40%的腐熟农家肥，10%的草炭土。日历苗龄 60~70d，生理苗龄 8~9 片真叶 3. 扣棚整地施肥：定植前 15~20d 扣棚烤地，在大棚四周增设围裙防寒保温。亩施农家肥 4~5 吨，磷酸二铵和硫酸钾各 15~20kg 4. 适时定植与合理密植。设施内地表下 10cm 土温稳定通过 10℃时定植。垄距 60cm，株距 37~40cm，亩保苗 2 800~3 000 株 5. 肥水管理。门茄膨大时开始追肥，每亩施三元复合肥 25kg。对茄采收后每亩追施磷酸二铵 15kg，硫酸钾 10kg。保持土壤见干见湿 6. 植株调整。二杈整枝，适时摘心。保留紧靠门茄下面的一个侧枝（顶门杈），把以下的所有侧枝全部打掉，所保留的 2 个杈上很快结出对茄；再保留紧靠对茄下面的各一个侧枝，将其下面的侧枝全部打掉，在所保留的 4 个杈上又各结 1 个果，即四门斗；再按以上方式保留紧靠四门斗下面的各 1 个侧枝，将其下面的侧枝全部打掉。一般整枝到四门斗结束，此时为茄子的生长高峰期，以后不必整枝，任其生长 7. 老株再生栽培技术。“八面风”开花后掐尖。7 月 15 日前追施高氮冲施肥 10~15kg，7 月末把茄子地面二叉枝以上的枝条全部剪掉，只留植株的基部或分叉，每株选留 2~3 个健壮幼芽，除掉其余幼芽。同时清除田间枝、叶、杂草，控制害虫对幼芽的损害。再生后肥水管理：剪完枝要迅速浇水，适当遮阴。为促进根系生长，冲施腐殖酸类肥料 2 次，隐芽萌发后为控制徒长，应视情况喷施 50%矮壮素 2 000~2 500 倍液，门茄坐果后为促进果实膨大，每亩施复合肥 30kg，进入结果盛期后每 7~8d 浇水一次，注意化肥与有机肥交替施用，每亩可以追施尿素 15kg 和硫酸钾 7~10kg，并配合喷施叶面肥 8. 病虫害的综合防治
适用范围	东北地区设施蔬菜主产区
经济效益	每亩春茬产量 2 500 kg，平均销售价格每千克 2. 8 元，收入 7 000 元；秋茬产量 1 800 kg，平均销售价格每千克 2. 4 元，收入 4 320 元。合计 11 320 元。亩投入 5 200 元，其中，种苗 1 000 元，水电 300 元，肥药 1 100 元，棚室折旧 1 000 元，人工 1 800 元。亩效益 6 120 元

第七章

东北地区西葫芦
绿色高效生产技术模式

西葫芦绿色高效生产技术模式

一、技术概况

推广应用优质高效蔬菜育苗技术，选用优良栽植品种，进行合理田间管理，运用生物菌剂提高西葫芦抗性，应用植物补光灯技术提高作物生长对光照的需要，推广使用生物农药及高效低毒低残留化学农药，有效控制西葫芦病虫害，确保西葫芦生产安全、农产品质量安全和农业生态环境安全，促进农业增产增效。

二、技术效果

通过推广应用优质高效育苗技术，结合喷施生物农药等绿色防控技术防治西葫芦病虫害，产量提高10%，产品质量提升显著，深受域内外客商的青睐。通过培训和宣传，让农民了解和掌握绿色西葫芦生产技术，提高西葫芦的产量和效益。

三、技术路线

1. 生产条件　日光温室脊高3.0~4.5m，跨度6.0~10.0m，长度50.0~100.0m。

2. 栽培季节的划分　西葫芦日光温室栽培可分为四个栽培茬次，见表23。

表23　西葫芦日光温室栽培茬次

茬次	播种期	定植期	始收期
日光温室冬春茬	9月中旬至10月中旬	9月下旬至10月下旬	10月中旬至11月中旬
日光温室早春茬	12月下旬至1月下旬	1月中旬至2月上旬	2月下旬至3月上旬
日光温室秋冬茬	7月下旬至8月上旬	8月上旬至8月下旬	9月上旬至9月下旬

3. 品种选择　选择商品性好、优质、丰产、耐低温弱光、耐贮运、适销对路的西葫芦品种。冬季、早春栽培选耐低温弱光品种；夏季栽培选用耐高温抗病毒病品种。适宜冬季低温季节品种一般不得应用于夏季栽培。

4. 播种育苗　按照栽培亩西葫芦保苗950株计算，集约化育苗选在日光温室或大棚，采用50穴盘育苗，需要苗床面积3m^2，常规育苗选用温室、大棚、阳畦、小拱棚等育苗设施，育苗需要苗床面积10m^2，育苗前并对育苗设施进行消毒处理。

（1）床土配制：集约化育苗采用54cm×28cm，50穴苗盘，使用营养基质。常规育苗取深层园田土或葱蒜类蔬菜地、大田地土壤4份，加充分腐熟优质鸡粪或猪粪3份，腐熟马粪或碎稻草3份，混均后过筛作为育苗床土。

（2）床土消毒：每立方米营养土加入80~100g 50%多菌灵，60~80g 50%辛硫磷对水10kg喷淋，充分拌匀后堆置，用塑料薄膜密封5~7d。然后揭膜使用。

（3）做育苗畦：挖宽1.2m，深15cm的育苗畦，地面平整踩实，长度不限。每亩栽培面积需育苗畦10m^2。

（4）装营养钵：将配置好的营养土装入10×10cm的营养钵中，营养土自然状态装至钵沿1.5cm处，摆放在育苗畦中灌足底水待播。

（5）播种：西葫芦种子为包衣种子，用干播法。集约化采用机播，机械完成装盘、压穴、播种、覆盖基质、浇水。人工播种，先装盘，每穴基质一致，用压板压孔1.5cm，每穴播一粒，覆盖基质1.5cm。浇水使基质饱和，盘上覆盖地膜，在催芽室或育苗棚室中催芽。常规育苗将种子平放于渗好水的营养钵，尽量种子开口方向一致。覆土1.5~2cm，盖地膜保湿提温。播种数量是需苗量的1.15倍。

种子质量要符合GB 16715.3《瓜菜作物种子》中2级以上要求。

（6）播后管理：出苗前保持较高的温度，一般掌握在28~30℃，待种子有60%出土时，将覆盖地膜去掉，加盖60目网眼的防虫网，防蚜虫、白粉虱、斑潜蝇等。

（7）苗期管理：出苗后将温度控制在18~22℃，育苗期一般不浇水，若底水不足或苗土沙化严重出现干旱时，用喷壶喷水，切忌大水漫灌。子叶展开时对苗床喷施杀菌剂，如恶霉灵、普力克等加农用链霉素，防治猝倒病、立枯病，日历苗龄一般需要12~20d左右。冬春季苗龄长，夏秋季苗龄短。当苗长至真叶直径3cm时可定植。定植前喷一遍噻虫嗪防蚜虫，加防治病毒病的药，如病毒A、植病灵等。

（8）壮苗标准：集约化育苗子叶完好，叶色浓绿，茎粗0.3cm以上，茎长2cm以下，第一片真叶直径3cm。其根系将基质紧紧缠绕，苗子从穴盘拔起时不散坨。常规育苗叶色浓绿、子叶完好、茎基部粗壮、根系完好，无病虫害。三片真叶之前及早定植。

5. 定植

（1）整地施肥：整地前清除前茬残留物。忌用瓜类作物作前茬。定植前15d~30d，在中等肥力土壤条件下，结合整地，铡碎秸秆1 500 kg拌入土壤，每亩施优质腐熟的农家肥5 000 kg，或商品有机肥1 500~2 000 kg；同时施磷酸二铵10kg、硫酸钾30kg，或高浓度三元复合肥20kg。缺乏微量元素的地块，每亩还应施所缺元素微肥1~2kg。有机肥与化肥、微肥等混合均匀深翻30cm。耙细后按行距80~100cm起垄。禁止使用城市垃圾和污泥、医院的生活垃圾和含有害物质（如毒气、病原微生物、重金属等）的工业垃圾。严禁施用未腐熟的人粪尿和饼肥。禁止使用硝态氮肥。

（2）温室消毒：定植前7~15d，将温室完全密闭，每立方米空间用硫黄4g加80%敌敌畏乳油0.1g和锯末8g混合点燃，密闭熏蒸一昼夜，然后放大风。在温室通风口处张挂细窗纱或防虫网。

（3）定植：设施内气温稳定在16℃以上，夜间不低于10℃，选择晴好天气定植。按株距65cm刨穴，先向穴中浇水，待水渗下一半时，将苗坨栽好，当水全部渗下时封穴。冬季和早春定植后要及时进行地膜覆盖。

6. 田间管理

（1）温湿度：定植后2~3d尽量不通风，白天温度保持在28℃左右，夜间15~20℃。缓苗后白天温度晴天保持在20~25℃，夜间不低于10℃。开花结瓜期空气湿度保持在70%~85%。可采用地面覆盖、滴灌或暗灌、通风排湿、温度调控等措施控制湿度。

（2）光照：寒冷季节保持膜面清洁，经常清扫、擦洗棚膜，在温室后墙张挂反光幕，尽量增加温室的透光率并充分利用反射光。夏秋季节适当遮阳降温。应用植物补光灯技术，促进植株正常生长对光的需要。

（3）水分：定植时浇足定植水，3~4d后可再浇一次缓苗水，直到西葫芦根瓜长至150~200g长时才可再进行地膜下灌水。进入盛果期每隔10d浇一次水。

（4）追肥：在根瓜长至150~200g长时开始追肥，以后每隔15~20d追一次。追肥与浇水结合进行，每亩随水冲施45%水溶复合肥10~15kg。拉秧前15d停止追肥。结瓜盛期，可叶面喷1%的红糖尿素溶液、0.5%的磷酸二氢钾溶液。寒冷季节补充二氧化碳气肥。晴天时设施内浓度控制在800~1 000mg/kg。

（5）植株调整：当6~8片叶吊蔓，8~10片叶开始留瓜，8、9叶腋以下的花蕾和卷须全部除去，并视生长情况，当植株有徒长趋势时，还可降低夜温，喷施多效唑等抑制徒长。根据植株长势确定留瓜数量，长势旺盛或环境良好留瓜3~4条，长势弱或严冬时节留瓜1~2条。商品瓜400~450g适时采收，根瓜早采。每3天盘头一次，确保植株直立生长。

植株外观圆柱形，节间2cm，商品瓜位置距离生长点20cm，生长点距离植株最高点20cm，叶柄长25cm，叶片直径25cm。

（6）保花保果：雌花要开放前3d，全株用西葫芦专用坐瓜灵喷施保果。根据植株生长快慢时间，每7~14d喷施一次。

7. 病虫防治

应从整个生态系统出发，综合运用农业、物理、生态、生物等防治措施，创造不利于病虫害发生和有利于作物生长的环境条件，保持农业生态系统的平衡和生物多样性。

（1）农业防治：采取选用抗（耐）病虫、优质、高产良种；培育适龄壮苗，提高抗逆性；与非葫芦科作物进行3年以上的轮作；清洁温室；测土平衡施肥等农艺措施。

（2）物理防治：采用栽前高温闷棚；晒种、温汤浸种；全生产期内防虫网隔离栽

培；覆盖银灰色地膜或挂银灰色塑料条驱避蚜虫；挂黄板粘除蚜虫、潜叶蝇和白粉虱等物理措施。

（3）生物防治：利用害虫天敌防治害虫，如在温室内释放丽蚜小蜂防治白粉虱；利用生物农药，如井冈霉素、农用链霉素、浏阳霉素等防治西葫芦病虫害。

（4）药剂防治：以上措施不能控制病虫害时，可以使用农药。农药的选择和使用应符合 GB/T 8321—2000《农药合理使用准则》和 NY/T 393—2013《绿色食品农药使用准则》的要求。应识别症状，对症下药；合理混用、轮换交替使用不同作用机制或具有负交互抗性的药剂，克服和推迟病、虫抗药性的产生和发展。

8. 采收　西葫芦以食用嫩瓜为主，达到商品瓜要求时进行采收，防止坠秧。长势旺的植株适当多留瓜、留大瓜，徒长的植株适当晚采瓜。长势弱的植株应少留瓜、早采瓜。采摘时不要损伤主蔓，瓜柄尽量留在主蔓上。生长期使用化学合成农药的西葫芦，应在农药安全间隔期之后采收。

9. 包装、运输、贮存

（1）包装：应符合 NY/T 658—2015《绿色食品包装通用准则》的要求。用于产品包装的容器如塑料箱、纸箱等要清洁、干燥、无污染。按产品的品种、规格分别包装，同一件包装内的产品需摆放整齐紧密。每批产品所用的包装、单位质量应一致。

（2）运输：应符合 NY/T 1056—2006《绿色食品贮藏运输准则》的要求。运输前应进行预冷。运输过程中注意防冻、防雨淋、防晒、通风散热。

（3）贮存：应符合 NY/T 1056—2006《绿色食品贮藏运输准则》的要求。贮存时应按品种、规格分别贮存。西葫芦适宜的贮存条件为温度 5～8℃，空气相对湿度 75%～85%。库内堆码应保证气流均匀流通。

四、效益分析

（一）经济效益分析

每亩栽植 950～1 000 株，每株 30 条瓜，每条瓜 500g，每亩可生产 14 250 kg，按平均市场价格 2.4 元/kg 计算，每亩经济效益 3.4 万元。除去育苗、施肥等成本 4 000 余元，每亩纯收益 3 万余元。

（二）生态、社会效益分析

绿色西葫芦栽培，可以减少农药的使用，有机肥与化肥、微肥等混合使用，培肥了地力，降低了因过量使用化肥对土壤的污染，生态效益显著。

五、适宜区域

东北蔬菜主产区。

六、技术依托单位

联系单位：辽宁省建平县设施农业发展中心

联系地址：辽宁省建平县设施农业发展中心

联 系 人：张青狮

电子邮箱：jpxssny@ 163. com

七、技术模式

详见表24。

表 24　东北地区西葫芦绿色高效生产技术模式（越冬茬）

<table>
<tr><td rowspan="2">项目</td><td colspan="3">7月末至9月初</td><td colspan="3">9月中下旬</td><td colspan="3">10月</td><td colspan="3">11月</td><td colspan="3">12月</td><td colspan="3">1月</td><td colspan="3">2月</td><td colspan="3">3月</td><td colspan="3">4月</td><td colspan="3">5月</td></tr>
<tr><td>上</td><td>中</td><td>下</td><td>上</td><td>中</td><td>下</td><td>上</td><td>中</td><td>下</td><td>上</td><td>中</td><td>下</td><td>上</td><td>中</td><td>下</td><td>上</td><td>中</td><td>下</td><td>上</td><td>中</td><td>下</td><td>上</td><td>中</td><td>下</td><td>上</td><td>中</td><td>下</td><td>上</td><td>中</td><td>下</td></tr>
<tr><td>生育期</td><td colspan="3">播种前备耕期（约30d左右）</td><td colspan="3">育苗定植</td><td>定植缓苗</td><td colspan="6">结瓜初期</td><td colspan="8">低温管理</td><td colspan="9">结瓜盛期</td></tr>
<tr><td>田间管理</td><td colspan="3">清茬施肥、旋耕消毒、选定品种、制作苗床、配营养土、装营养钵</td><td colspan="3">浇水、播种、覆盖、控温湿</td><td>定根水、喷药防病、作畦垄</td><td colspan="6">缓苗中耕、控水蹲苗、适时覆膜、防病治虫。主要防治蚜虫、粉虱、螨类害虫等害虫</td><td colspan="8">及时增温，平衡营养，低温寡照时采取补光措施</td><td colspan="9">合理留瓜，加强温度管理，增加肥水，预防病虫害，适当控秧</td></tr>
<tr><td rowspan="3">技术措施</td><td colspan="4">选种</td><td colspan="3">移栽沾秧</td><td colspan="6">增施微肥、空秧徒长、植株整理、吊蔓去花</td><td colspan="8">不留对瓜（近成180°角相邻两节的瓜）。12月初至1月初每棵秧上同时留瓜不能多于3个，要保持生长点和幼瓜每天都有增长量。减少浇水量，增加施肥量，冲施腐殖酸类肥料，隔次加喷叶面肥，并保持叶面清洁健康。开始采瓜至2月末追肥应以腐植酸、黄腐酸肥料以及生物肥料等热性肥料为主</td><td colspan="9">西葫芦采收期要通过浇水、施肥、放风、控温、抹瓜、疏瓜等主要栽培管理技术来达到营养生长和生殖生长平衡，确保达到壮秧标准，从而达到高产、高效</td></tr>
<tr><td colspan="30">药剂调控：7~9片叶时应适当用“雨林矮丰”控秧一次。10叶1心时，用根益得、农用链霉素、恶霉灵同样配方再灌一次根</td></tr>
<tr><td colspan="3"></td><td colspan="27">黄蓝粘虫板、植物生长补光灯、防虫网</td></tr>
<tr><td>技术路线</td><td colspan="30">1. 选种：法拉利
2. 灌根：当幼苗达到三叶一心时，用根益得（每亩一桶）、农用链霉素、恶霉灵（按说明书操作），可三种肥药混合使用，用喷雾器进行灌根，每株施肥药液2.5~3次
3. 黄蓝粘虫板：进行虫口密度检测，及时防虫。出现蚜虫、粉虱、螨类害虫用阿克泰3 000倍液喷施防治
4. 追施有机肥：冲施腐殖酸类肥料，隔次加喷叶面肥，并保持叶面清洁健康。开始采瓜至2月末追肥应以腐植酸、黄腐酸肥料以及生物肥料等热性肥料为主</td></tr>
<tr><td>适用范围</td><td colspan="30">东北蔬菜生产区</td></tr>
<tr><td>经济效益</td><td colspan="30">每亩可生产优质西葫芦1.5万余kg，按正常市场价格2.4元/kg计算，每亩温室效益可达3万余元</td></tr>
</table>

第八章

东北地区豆角绿色高效生产技术模式

露地油豆角绿色高效生产技术模式

一、技术概况

露地油豆角立体通透绿色生产技术模式，着重从产地环境、品种选择、播期、施肥整地、播种、田间管理、病虫害防治、采收、采后处理等方面进行阐述，按照本模式进行栽培，可以达到露地油豆角立体通透绿色生产的目标。

二、技术效果

依据品种特性、播期和栽培方式不同，播期从5月初至6月上旬，每7d一个播期，不同品种错期播种，矮生和蔓生搭配种植，使露地油豆角大面积生产时达到立体通透栽培，病害轻，产量高，市场供应期从7月中下旬开始到9月中下旬结束。延长产品供应期，达到增产增收。

三、技术路线

1. 产地环境　豆角的产地应选择在生态条件良好，远离污染源，并且有可持续生产能力的农业生产区域。要求地势平坦，排灌方便，土壤耕层深厚，土壤肥力较高、土壤结构适宜、理化性状良好，以沙壤土、壤土为宜。

2. 品种选择　依据品种特性、播期和栽培方式及销售地区的消费习惯进行品种选择。油豆角主导品种选择哈菜豆17号、哈菜豆15号、将军油豆、黄金钩等。

3. 播期　露地春季种植播期从5月初至6月上旬播种采用地膜覆盖方式陆续排开播种；油豆角主导品种选择哈菜豆17号、哈菜豆15号、将军油豆、黄金钩。5月初播种时，选择早熟蔓生优质油豆新品种哈菜豆16号、哈菜豆17号；露地延后5月下旬6月上旬播种时，选择优质蔓生中晚熟品种哈菜豆11号（太空将军）；中间几个播期可选择哈菜豆10号、将军油豆等品种。在生产过程中，可选择优质矮生油豆角新品种哈菜豆15号与蔓生品种间作，提高菜豆生产田的光与风的通透性，提高产量，同时便于机械化作业。间作比例为蔓生油豆与矮生油豆种植比为（6~8）：2。

4. 施肥整地　播种前施足基肥，实行平衡施肥，有机肥应充分腐熟达到无害化后方可使用，一般每亩施用腐熟有机肥3 000~4 000kg，配合施用氮、磷、钾复合肥35~50kg，将肥料撒匀、深翻30cm。采用秋施有机肥、秋翻、秋整地、氮磷钾复合肥混均埯施，注意化肥与埯土充分混合，防止烧苗。

5. 播种　精选光泽、籽粒饱满、无病虫害、无破损、无霉变、符合品种种子特征的种子，播前晒种1~2d，提高发芽率和发芽势。

（1）种子处理：1%福尔马林浸种20min，再用清水洗净，防止种子带菌。

（2）播种：春播在10cm地温稳定在10℃以上时播种。采用菜豆盘式播种机。单垄栽培，垄距为70cm，株距50cm，每穴播种3粒，保苗1株。每亩用种量5kg。

6. 田间管理

幼苗长到2~3片真叶时定苗。3~4片真叶时，可结合浇水每亩施尿素15kg，促进茎叶生长。同时，对于蔓生菜豆，应及时搭架。此后适当控水。开花结荚期管理，接近开花时应控制浇水，保持土壤湿润。结嫩荚后开始浇水，保持土壤湿润。当嫩荚坐住后，结合浇攻荚水，每亩冲施尿素10~15kg。此后每采收2次，追1次速效肥，每亩追磷酸二铵或氮、磷、钾复合肥20kg，每次追肥后随即浇水。结荚后期，植株进入衰老时期要及时摘除病、老、枯、残叶片，以改善通风透光条件，并加强肥水管理。整个田间管理过程中，垄内不可积水，遇涝要及时排涝。

7. 病虫害防治

（1）防治原则：坚持以农业防治、物理防治、生物防治为主，允许使用的药剂为辅的无害化治理原则。

（2）农业防治：选用抗病的品种；实行轮作；培育适龄壮苗，提高抗逆性；增施充分腐熟的有机肥；清洁田园。

（3）物理防治：田间悬挂黄色黏虫板，或黄色板条（25cm×40cm）上涂上一层机油，每亩挂30~40块。

（4）生物防治：积极保护和利用天敌来防治病虫害，采用苦参碱等植物源农药和武夷菌素等生物农药防治病虫害。

炭疽病：实行2年以上轮作；发病初期喷洒1%申嗪霉素悬浮剂500倍液、6%春雷霉素可湿性粉剂1 000倍液等药剂，隔5~7d防治1次，连续防治2~3次。

根腐病：实行2年以上轮作；发病初期喷施1%申嗪霉素悬浮剂500倍液、1 000亿/g枯草芽孢杆菌1 000倍液灌根防治。隔7d防治1次，连续防治2~3次。

枯萎病：实行3年以上轮作，发病初期喷施1%申嗪霉素悬浮剂500倍液、1 000亿/g枯草芽孢杆菌1 000倍液灌根防治。

锈病：用2%春雷霉素水剂200~300倍液、2%武夷菌素（BO-10）水剂150倍液等喷雾防治。每7~10d 1次，交替用药，防治3~4次。

细菌性疫病：实行3年以上轮作；用45℃的温水浸种15min；新植霉素4 000倍液、72%农用硫酸链霉素2 000倍液，隔7d防治1次，连续防治2~3次。

虫害：菜豆虫害主要有蚜虫、潜叶蝇、红蜘蛛。用0.3%苦参碱水剂1 000倍液、0.65%茼蒿素800倍液防治蚜虫；用0.3%的印楝素乳油500倍液防治潜叶蝇、红蜘蛛。每10d左右1次，交替用药，防治2~3次。

8. 采收　油豆角播种后60~70d即可采收，持续采收1~3个月；一般从开花到采

收需 15d 左右，在结荚盛期，每 4～5d 可采收 1 次。采收前适当控水，采收在下午进行，采收后防止日晒和雨淋。严格掌握采收农药安全间隔期，最后一次喷药到作物收获的时间应比标签上规定的安全间隔期长，安全间隔期内不能采收。

9. *采后处理*　通过人工手段迅速降低采收后的田间热和呼吸热，减少水分的损失和微生物的侵袭，延长贮存期。采收和分级处理后的产品不可用有污染的纸箱或袋、施肥筐等物品装菜，在运输过程中要轻装快运。产品销售前，要对产品进行田间抽样检测，农残、重金属等相关指标超标禁止进入市场。

四、效益分析

一点红类：亩产量 1 500 kg，平均价格 2.5 元/kg，收入 3 750 元。黄金勾类：亩产量 800kg，平均价格 5.4 元/kg，收入 4 320 元。套种矮生油豆亩产 150kg，平均价格 2.5 元/kg，收入 375 元。亩投入 2 170 元，其中肥料农药 220 元，架条 1 200 元，种子 150 元，租地 600 元。亩效益：一点红类 1 955 元，黄金勾类 2 525 元。平均亩效益 2 240 元。

五、适宜区域

黑龙江省露地油豆角主产区。

六、技术模式

详见表 25。

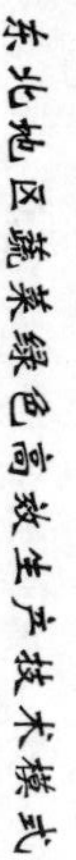

表 25　黑龙江省露地油豆角绿色高效生产技术模式

<table>
<tr><td colspan="2" rowspan="2">项目</td><td colspan="3">2月</td><td colspan="3">3月</td><td colspan="3">4月</td><td colspan="3">5月</td><td colspan="3">6月</td><td colspan="3">7月</td><td colspan="3">8月</td><td colspan="3">9月</td><td colspan="3">10月</td></tr>
<tr><td>上</td><td>中</td><td>下</td><td>上</td><td>中</td><td>下</td><td>上</td><td>中</td><td>下</td><td>上</td><td>中</td><td>下</td><td>上</td><td>中</td><td>下</td><td>上</td><td>中</td><td>下</td><td>上</td><td>中</td><td>下</td><td>上</td><td>中</td><td>下</td><td>上</td><td>中</td><td>下</td></tr>
<tr><td rowspan="2">生育期</td><td>春茬</td><td colspan="9"></td><td>播种</td><td>出苗</td><td></td><td>伸蔓</td><td>开花坐果</td><td></td><td></td><td>始收</td><td></td><td></td><td></td><td>终收</td><td></td><td colspan="5"></td></tr>
<tr><td>秋延后茬</td><td colspan="12"></td><td>播种期</td><td>出苗</td><td>伸蔓</td><td></td><td>开花坐果</td><td></td><td>始收</td><td></td><td></td><td colspan="2">终收</td><td colspan="4"></td></tr>
<tr><td colspan="2">技术路线</td><td colspan="27">1. 产地环镜：选择生态条件良好，远离污染源，并且有可持续生产能力的农业生产区域
2. 品种选择：依据品种特性、播期和栽培方式及南销地区的消费习惯进行品种选择
3. 播期：露地春季种植播期从 5 月初至 6 月上旬，播种采用地膜覆盖方式陆续排开播种
4. 施肥整地：播种前施足基肥，实行平衡施肥，有机肥应充分腐熟达到无害化后方可使用。采用秋施有机肥、秋翻、秋整地、氮磷钾复合肥混均埯施，注意化肥与埯土充分混合，防止烧苗
5. 播种：精选光泽、籽粒饱满、无病虫害、无破损、无霉变、符合品种种子特征的种子，播前晒种 1~2d，提高发芽率和发芽势
6. 田间管理：幼苗长到 2~3 片真叶时定苗。嫩荚坐住后，结合浇攻荚水，每亩冲施尿素 10~15kg。此后每采收 2 次，追 1 次速效肥，每亩追磷酸二铵或氮、磷、钾复合肥 20kg，每次追肥后随即浇水。结荚后期，及时摘除病、老、枯、残叶片，改善通风透光条件，并加强肥水管理。整个田间管理过程中，垄内不可积水
7. 病虫害防治：坚持以农业防治、物理防治、生物防治为主，允许使用的药剂为辅的无害化治理原则。农业防治：选用抗病的品种；实行轮作；培育适龄壮苗，提高抗逆性；增施充分腐熟的有机肥；清洁田园。物理防治：田间悬挂黄色粘虫板，或黄色板条（25cm ×40cm）上涂上一层机油，每亩挂 30~40 块。生物防治：保护和利用天敌来防治病虫害，采用苦参碱等植物源农药和武夷菌素等生物农药防治病虫害。病害主要防治炭疽病、根腐病、枯萎病、锈病和细菌性疫病，虫害主防蚜虫和潜叶蝇、红蜘蛛
8. 采收：油豆角播种后 60~70d 即可采收
9. 采后处理：通过人工手段迅速降低采收后的田间热和呼吸热，减少水分的损失和微生物的侵袭，延长贮存期</td></tr>
<tr><td colspan="2">适用范围</td><td colspan="27">黑龙江省露地油豆角主产区</td></tr>
<tr><td colspan="2">经济效益</td><td colspan="27">一点红类：亩产量 1 500 kg，平均价格 5 元/kg，收入 3 750 元。黄金勾类：亩产量 800kg，平均价格 5. 4 元/kg，收入 4 320 元。套种矮生油豆亩产 150kg，平均价格 2. 5 元/kg，收入 375 元。亩投入 2 170 元，其中肥料农药 220 元，人工，架条 1 200 元，种子 150 元，租地 600 元。亩效益：一点红类 1 955 元，黄金勾类 2 525 元。平均亩效益 2 240 元</td></tr>
</table>

第九章

东北地区韭菜
绿色高效生产技术模式

设施韭菜双层覆盖冬季绿色高效生产技术模式

一、技术概况

韭菜采取多层覆盖，应用一面坡式保温型大棚，在冬季不加温情况下生产，生产成本低，供应元旦和春节市场，并实现部分外销，经济效益高。

二、技术效果

通过推广应用无害化处理优质有机肥，人工除草，结合喷施生物农药等绿色防控技术防治病虫害，防效提高85%以上，节省用种量10%以上，增产20%以上，示范区农药施用量减少30%以上，节本增效15%以上，农产品合格率达100%。

三、技术路线

（一）品种选择

选择抗寒性强、叶片肥厚而宽大、分蘖力强、生长势强、优质丰产、抗倒伏、品质好、纤维少、抗病性强的品种，如新农1号、新农2号。苗床选择前茬无除草剂药害的富含有机质的肥沃土壤。

（二）整地施肥

每亩施经无害化处理优质有机肥5 000 kg，扬施后深耕细耙，做成宽平畦后播种。亩播种量3~5kg。

（三）苗期管理

4—5月大地播种，在播种后苗前和苗后每亩用33%施田补乳油150ml或48%仲丁灵乳油200~250ml，对水50kg喷雾封闭土壤处理，第二次出苗后，禾本科杂草3~5叶期时对准杂草茎叶喷雾除草。采用畦栽，施羊粪，缺肥时撒施专用肥，播后浇足水，覆盖地膜保湿，干旱时补水。待30%以上种子出苗后撤除地膜。幼苗出土后，7~8d浇1次水，使地表经常保持湿润状态。当幼苗高18cm左右时，适当控水蹲苗，防止徒长。秋天韭菜长成细毛子。

（四）第二年管理

春季搂净韭菜毛子，及时灌水促进缓苗，新叶长出后浇缓苗水，促其发根长叶，及时中耕保墒，保持土壤见干见湿。根据长势、天气、土壤干湿度的情况施肥，采取轻施、勤施的原则。结合浇水亩施腐熟有机肥500~800kg。后期人工除草。秋季割一茬，10月末至11月初养根。

（五）第三年扣棚后管理

根据上市期，提前 40～50d 扣棚，扣棚前，搂去残枝，搂净韭菜毛子，头刀韭菜生长期间，不需追肥浇水，防止地温降低和湿度增加。韭菜收割后 7～10d，即韭菜长到 3～4cm 浇水，结合浇水亩施生物有机肥 50kg。韭菜长至 10～15cm 时再浇 1 次。生长适温 5～20℃，最低温度-3℃。翌年 4 月初揭开棚膜，开始养根。在 4 月杂草长出来后，每亩用 33%施田补乳油 150ml 对水喷雾封闭，开始养根，后期再出苗可人工拔除。

（六）棚室多层覆盖栽培

棚室为一面坡式保温型大棚，结构独特，介于大棚与温室之间的棚型结构，钢骨架无立柱，一面坡式，外保温采用棉被加草帘子，后墙通常为 1 层塑料布+1 层草帘子（盖到后坡位置）+1 层塑料布（大棚膜）+2 层塑料布裹 1 层棉被 1 层草帘子，前沿围 1 层草帘子裙。山墙通常为 1 层塑料膜+1 层草帘子+1 层塑料膜（大棚膜）+围草帘裙。冬春生产采取多层覆盖，扣棚时间根据收割上市期确定，提前 40～60d 扣棚膜。扣棚前，每亩撒施细碎有机肥 1 000～2 000kg。

（七）病虫害生物防治

韭蛆可亩用 300ml 短稳杆菌或白僵菌 600～800 倍液灌根进行防治。灰霉病可采用千亿枯草芽孢杆菌 15～30g/亩喷雾或寡雄腐霉 7 500～10 000 倍液喷雾防治。

四、效益分析

（一）经济效益分析

韭菜一般割两茬，采用间隔收割，亩产量 1 650～2 300kg，元旦韭菜价格 8～10 元/kg，春节 4～6 元/kg，清明 1.6～2 元/kg。平均亩产值 28 000 元，秋天收一次韭菜花，亩产值约 2 900 元。合计总产值 30 900 元。亩成本约 7 400 元（种子、农药、化肥共 1 300 元、滴灌设备 1 600 元、设施设备折旧 4 000 元、水电 200 元、其他投入 300 元）。亩效益 23 500 元。

（二）生态、社会效益分析

韭菜采取多层覆盖，应用一面坡式保温型大棚，在冬季不加温情况下生产，生产成本低，供应元旦和春节市场，并实现部分外销，效益显著。提升当地淡季蔬菜市场供应量 2%以上，提高本地淡季自给率 0.5 个百分点。

五、适宜区域

适用于黑龙江省各地冬季生产，调剂淡季蔬菜市场需求。

六、技术模式

详见表 26。

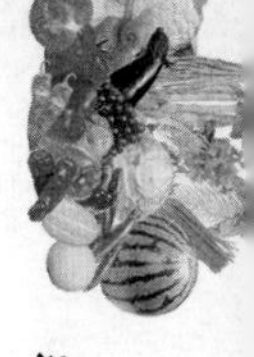

表 26　黑龙江省设施韭菜多层覆盖冬季绿色高效生产技术模式

<table>
<tr><td rowspan="2">项目</td><td colspan="3">8月</td><td colspan="3">9月</td><td colspan="3">10月</td><td colspan="3">11月</td><td colspan="3">12月</td><td colspan="3">1月</td><td colspan="3">2月</td><td colspan="3">3月</td><td colspan="3">4月</td><td colspan="3">5月</td><td colspan="3">6月</td><td colspan="3">7月</td></tr>
<tr><td>上</td><td>中</td><td>下</td><td>上</td><td>中</td><td>下</td><td>上</td><td>中</td><td>下</td><td>上</td><td>中</td><td>下</td><td>上</td><td>中</td><td>下</td><td>上</td><td>中</td><td>下</td><td>上</td><td>中</td><td>下</td><td>上</td><td>中</td><td>下</td><td>上</td><td>中</td><td>下</td><td>上</td><td>中</td><td>下</td><td>上</td><td>中</td><td>下</td><td>上</td><td>中</td><td>下</td></tr>
<tr><td>生育时期</td><td colspan="25">休耕期</td><td colspan="4">露地播种</td><td colspan="7">第一年生长期</td></tr>
<tr><td></td><td colspan="6">第二年生长期</td><td colspan="6">养根</td><td colspan="6">第三年扣棚管理</td><td colspan="7">一茬收割</td><td colspan="11">养根</td></tr>
<tr><td></td><td colspan="6">二茬收割</td><td colspan="6">养根</td><td colspan="24"></td></tr>
<tr><td>技术要点</td><td colspan="36">1. 品种选择：选择抗寒性强、叶片肥厚而宽大、分蘖力强、生长势强、优质丰产、抗倒伏、品质好、纤维少、抗病性强的品种，如新农 1 号、新农 2 号。苗床选择前茬无除草剂药害的富含有机质的肥沃土壤
2. 整地施肥：每亩施经无害化处理优质有机肥 5 000kg，扬施后深耕细耙，做成宽平畦后播种。亩播种量 3~5kg
3. 苗期管理：4—5 月大地播种，在播种后苗前和苗后每亩用 33%施田补乳油 150ml 或 48%仲丁灵乳油 200~250ml，加水 50kg 喷雾封闭土壤处理，第二次出苗后，禾本科杂草 3~5 叶期时对准杂草茎叶喷雾除草。采用畦栽，施羊粪，缺肥时撒施专用肥，播后浇足水，覆盖地膜保湿，干旱时补水。待 30%以上种子出苗后撤除地膜。幼苗出土后，7~8d 浇 1 次水，使地表经常保持湿润状态。当幼苗高 18cm 左右时，适当控水蹲苗，防止徒长。秋天韭菜长成细毛子
4. 第二年管理：春季搂净韭菜毛子，及时灌水促进缓苗，新叶长出后浇缓苗水，促其发根长叶，及时中耕保墒，保持土壤见干见湿。根据长势、天气、土壤干湿度的情况施肥，采取轻施、勤施的原则。结合浇水亩施腐熟有机肥 500~800kg。后期人工除草。秋季割一茬，10 月末至 11 月初养根
5. 第三年扣棚后管理：根据上市期，提前 40~50d 扣棚，扣棚前，搂去残枝，搂净韭菜毛子，头刀韭菜生长期间，不需追肥浇水，防止地温降低和湿度增加。韭菜收割后 7~10d，即韭菜长到 3~4cm 浇水，结合浇水亩施生物有机肥 50kg。韭菜长至 10~15cm 时再浇 1 次。生长适温 5~20℃，最低温度-3℃。翌年 4 月初揭开棚膜，开始养根。在 4 月份杂草长出来后，每亩用 33%施田补乳油 150ml 对水喷雾封闭，开始养根，后期再出苗可人工拔除
6. 棚室多层覆盖栽培：棚室为一面坡式保温型大棚，结构独特，介于大棚与温室之间的棚型结构，钢骨架无立柱，一面坡式，外保温采用棉被加草帘子，后墙通常为 1 层塑料布+1 层草帘子（盖到后坡位置）+1 层塑料布（大棚膜）+2 层塑料布裹 1 层棉被 1 层草帘子，前沿围 1 层草帘子裙。山墙通常为 1 层塑料膜+1 层草帘子+1 层塑料膜（大棚膜）+围草帘裙。冬春生产采取多层覆盖，扣棚时间根据收割上市期确定，提前 40~60d 扣棚膜。扣棚前，每亩撒施细碎有机肥1 000~2 000kg
7. 病虫害生物防治：韭菜地蛆可亩用 300ml 短稳杆菌或白僵菌 600~800 倍液灌根进行防治。灰霉病可采用千亿枯草芽孢杆菌 15~30g/亩喷雾或寡雄腐霉7 500~10 000倍液喷雾防治</td></tr>
<tr><td>适用范围</td><td colspan="36">适用于黑龙江省各地冬季生产，调剂淡季蔬菜市场需求</td></tr>
<tr><td>经济效益</td><td colspan="36">韭菜一般割两茬，采用间隔收割，亩产量 1 650~2 300kg，元旦韭菜价格 8~10 元/kg，春节 4~6 元/kg，清明 1.6~2 元/kg。平均亩产值 28 000 元，秋天收 1 次韭菜花，亩产值约2 900元。合计总产值 30 900 元。亩成本约 7 400 元（种子、农药、化肥共 1 300 元、滴灌设备 1 600 元、设施设备折旧 4 000 元、水电 200 元、其他投入 300 元）。亩效益 23 500 元</td></tr>
</table>

第十章

东北地区西蓝花绿色高效生产技术模式

西蓝花绿色高效生产技术模式

一、技术概况

该技术的应用促进有机肥牛羊粪大量用于生产，提高了土壤肥力、改善了土壤结构，提高了产品的品质，净化了农牧区居住地周围环境，对减少化肥的投入具有重要的意义。

二、技术效果

西蓝花抗病、抗逆力能力较其他蔬菜强，太仆寺旗西蓝花年种植达到 2.0 万亩左右，总产 3.0 万 t，销售额达 0.6 亿元，全旗农民人均从中增收近 300 元。

三、技术路线

（一）选用优良品种

太仆寺旗生产上栽培西蓝花有耐寒优秀、优秀、炎秀等 3 个西蓝花品种和收购商指定品种。提倡使用包衣种子。

（二）栽培措施

1. 育苗时间　育苗时间一般在 4 月上旬至 5 月上旬保护地育苗，有条件也可工厂化穴盘育苗。

2. 播种量　根据所购种子的发芽率，确定播量，一般每亩 50~75g 即可，可供亩露地定植。

3. 苗床选择　播种床应选择地势高，排水良好，3 年以上未种植过十字花科蔬菜的温室或大棚，苗床的大小以管理方便与否为准，一般以 1.0~1.2m 宽度为宜。

4. 苗床处理　苗床按每亩，3 000~5 000kg 优质农家肥，磷酸二铵 50kg 左右撒施后深翻细耙，翻耙后做成平畦，浇足底墒水。种子和过筛细土或者小米混合，均匀过筛撒于苗床上，种子距离掌握在 2cm 左右，然后用过筛细土覆盖厚 0.8~1.0cm 为宜。为了加快出苗、苗床可以覆盖地膜，出苗后注意拔草疏苗。

（三）苗期管理

1. 温度　采用温室或塑料大棚育苗，应提前 10d 扣棚，以提高设施内气温和地温。出苗前保持棚内温度 20℃左右，出苗后白天不超 22℃，以 15~20℃为宜，晚上不能低于 8℃，以防温度过高秧苗徒长现象发生。通过增加育苗设施覆盖物或揭膜放风，控制育苗室的温度。

2. 湿度　苗期掌握床面湿度见干见湿即可，床面喷水应以 20℃左右温水为好，忌喷凉水。

3. 炼苗　当幼苗出现3片真叶时，苗情可以追施尿素每平方米20~30g为宜。当苗龄达到20~25d时开始低温炼苗，通过揭膜放风，控制育苗室的温度，直至与外界定植环境温度相同。幼苗出现6~7片真叶时，可以定植。

4. 定植　采用平畦作，也可以垄作。对沙壤土或壤土、水源条件差应平畦作，畦面积要小，相反可作大一些；而对黏壤土及水源充足的地块可以垄作。也可以覆膜栽培。

5. 定植密度　为了适应市场需求，花球重一般以0.5~0.8kg为宜，每亩3 000株左右；西蓝花行株距60cm×（40~45）cm。

（四）田间管理

1. 中耕松土　定植后浇缓苗水，缓苗后中耕，适当进行蹲苗。然后追肥2次。第一次莲座期，一般栽后15~20d；第二次在结球期，菜花开始出现花球，进入快速生长期，注意加强肥水管理，每次亩追施速效氮肥尿素或者氮磷钾复合肥15~20kg，追肥后浇水，生长后期控制水肥，注意对菜花花球覆盖保护防止散花、变色降低产品质量。

2. 病虫害防治　主要以防治苗期虫害为主。生产上常见害虫有蚜虫、菜青虫、小菜蛾等。蚜虫用氯氟氰菊酯、吡虫啉等药剂防治；菜青虫、小菜蛾施用药剂有阿维菌素等，用药宜早不宜迟。病害主要是黑斑病。防治黑斑病药剂用代森锰锌，定植选无病壮苗可以控制此病害发展。

（五）收获出售

西蓝花生长达到花球紧实、符合市场要求标准及时收获上市。

四、效益分析

（一）经济效益

种植西蓝花平均亩产量可达到1 500 kg以上，每千克按最低价2.0元计算，亩效益3 000元，扣除生产成本1 000元，纯效益至少2 000元，已成为当地农民增收致富的重要途径。

（二）生态、社会效益

绿色蔬菜产业的发展，可以减少对化学农药、化肥的投入，保护环境，具有良好的生态效益；绿色蔬菜产业的兴旺也带来了相关产业的蓬勃发展，带动流通服务行业（如采收、仓储、制冷、物流、包装等），吸纳季节性务工人员达1.3万多人，人均季节性收入4000元。西蓝花种植产业的发展，已成为全旗农业经济增长的支柱产业，效益显著而稳定，而且实现了种植区域化、生产专业化、服务社会化、产品名牌化、产销一体化的绿色产业化生产格局，具有良好的社会效益。

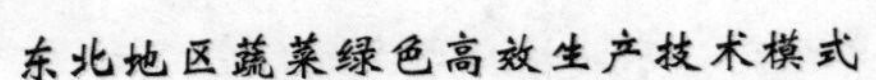

五、适宜区域

锡林郭勒盟南部高海拔冷凉区。

六、技术依托单位

联系单位：锡林郭勒盟经济作物工作站
联系地址：锡林郭勒盟太仆寺旗宝昌镇建设北街11号
联 系 人：张煜杉
电子邮箱：nmxmds@163.com

七、技术模式

详见表27。

表 27　锡林郭勒西蓝花绿色高效生产技术模式

项目	3月			4月			5月			6月			7月			8月			9月		
	上	中	下	上	中	下	上	中	下	上	中	下	上	中	下	上	中	下	上	中	下
生育期	育苗期			定植期				莲座期、结期球					收获期								
主控对象	蚜虫、菜青虫、小菜蛾							虫害：蚜虫，菜青虫、小菜蛾；病害主要是黑斑病													
防治措施	药剂防治																				
	虫害：氯氟氰菊酯、吡虫啉等药剂防治；菜青虫、小菜蛾施用药剂有阿维菌素等 病害：用代森锰锌，定植选无病壮苗可以控制此病害发展																				
技术路线	1. 选用优良品种：目前生产上栽培用种西蓝花有耐寒优秀、优秀、炎秀三个西蓝花品种、或者选用收购商指定品种。提倡使用包衣种子 2. 病虫害防治：本地区主要以防治苗期虫害为主。生产上常见害虫有蚜虫，菜青虫、小菜蛾，重点防治小菜蛾为害。蚜虫用氯氟氰菊酯、吡虫啉等药剂防治；菜青虫、小菜蛾施用药剂有阿维菌素等。黑斑病主要用药剂代森锰锌防治，定植选无病壮苗可以控制此病害发展 3. 生长后期控制水肥，注意对菜花花球的覆盖保护防止散花、变色降低产品质量。施肥以有机肥为主，化肥为辅																				
适用范围	适宜锡林郭勒盟南部高海拔冷凉区																				
经济效益	平均产量可达到 1 500 kg 以上，每千克按最低价 2.0 元计算，亩效益 3 000 元，扣除生产成本 1 000 元，纯效益至少 2 000 元。西蓝花种植已成为当地农民增收致富的重要途径																				

第十一章

东北地区西芹
绿色高效生产技术模式

西芹绿色高效生产技术模式

一、技术概况

该技术的应用促进有机肥牛羊粪大量用于生产，提高了土壤肥力、改善了土壤结构，提高了产品的品质，净化了农牧区居住地周围环境，对减少化肥的投入具有重要的意义。

二、技术效果

太仆寺旗露地西芹年种植达到 2.0 万亩左右，总产 1.2 亿 kg，销售额达 1.02 亿元，全旗农民人均从中增收近 400 元。

三、技术路线

（一）选用优良品种

选用耐低温、抗逆性强、生长快、产量高、商品性能好的西芹优良品种，有“文图拉”“加州王”“高优它”“百利”“双港”等品种。

（二）播种与育苗

1. 育苗时间　3 月上旬开始育苗，可延续到 5 月中旬分批次育苗，在温室内或大棚内进行，有条件也可工厂化育苗。

2. 播种量　根据所购种子的发芽率，确定播量，一般每亩 50~100g 即可。苗床面积 $40m^2$，可供亩定植。

3. 种子处理　将种子放清水中反复淘洗后浸种 12~24h，捞出放入透气的布袋等材料中，放在温度 15~20℃条件下催芽，每天用 20℃温水冲洗 1~2 次，7d 左右幼芽萌动（露白）待播。

4. 苗床选择　西芹的播种床应选择地势高，排水良好，3 年以上未种过伞形科蔬菜的地块。苗床的大小以管理方便为准，一般以 1.3m 宽度为宜。

5. 苗床处理　苗床按每亩5 000~6 000kg 优质农家肥，20~30kg 磷肥撒施后深翻细耙，并用多菌灵进行消毒。翻耙后做成平畦，浇足底墒水，播种，种子覆过筛细土，厚度不超 0.5cm 为宜。

（三）苗期管理

1. 温度　采用温室或塑料大棚育苗，应提前 1 个月扣棚，以提高设施内气温和地温。如地温低可以采用大棚内加二次覆盖小拱棚或地膜解决。出苗前保持棚内温度 20℃左右，出苗后白天不超 22℃，以 20℃左右为宜，晚上不能低于 10℃，以防温度低抽薹和温度过高引起高脚苗现象发生。通过增减覆盖物或揭膜放风，控制育苗室的温湿度。

2. 湿度　苗期掌握床面湿度见干见湿即可，床面应喷 20℃左右温水，忌喷凉水，

3. 间苗　当苗出现真叶时，及时间除苗床杂草弱苗及拥挤苗，苗距 1cm 左右为宜。

4. 叶面补肥　当苗生长不旺盛时，应叶面喷施 0.3%磷酸二氢钾+0.2%尿素 600 倍液，可起到提苗的效果。

5. 育成苗标准　苗龄 40~50d，苗高 8~10cm，有 5~6 片真叶，茎叶粗壮，根系发达，无病虫害的适龄壮苗。

定植前逐步降低苗床温度（炼苗），最后与露地温度一致，以提高幼苗的抗寒性和适应性，缩短缓苗期，保证移栽成活率。

（四）定植

1. 选地施肥　选择无污染源，有机质含量高，旱能浇，涝能排的地块种植。每亩施优质农家肥 5 000kg，蔬菜专用肥 50kg，配施 500g 硼肥。注意适当增施钾肥，氮钾肥配施，可降低西芹粗纤维含量，改善品质。

2. 时间　保护地为 4 月中旬开始定植；露地 5 月上旬开始定植，可分期进行，实现均衡上市。

3. 行距　根据市场需求小棵黄秆型，要求单株重 200g 以上的行株距 15cm×15cm；大颗绿秆型要求单株 1 000g 重的行株距 30cm×20cm。

（五）田间管理

定植深度埋土不能没过心叶，浅不露根，浇定植水。定植 3d 后浇缓苗水，缓苗后中耕 2~3 次，然后进行蹲苗 10d，促根生长，当苗高 20cm 以上时，进入快速生长期，注意加强肥水管理，每隔 10d 追施速效氮肥与钾肥，采取前轻后重的追肥方案，分次进行，结合防病可以叶面喷施微肥，追肥次数 2~3 次为宜。

（六）防治病虫害

在整个西芹栽培中，防治病虫害是关键的生产技术环节。选用国家允许使用的生产绿色蔬菜的农药，农药的剂量、次数、安全间隔期必须严格的按照绿色蔬菜防治规程要求进行。

1. 生理性病害　一般有烧心、空心、劈裂、烂心病等，主要原因是缺少微量元素和水分应用不当造成的。在合理浇水的同时注意施用微肥，尤其防止钙和硼元素缺乏，生产上叶面喷 0.3%硝酸钙，0.2~0.3%硼砂，连续喷 2~3 次。

2. 真菌性病害　危害性最大而且防治难度较大的是斑枯病（晚疫病）和叶斑病（早疫病）。采用轮作，使用两年以上的旧种子，温汤浸种：48~49℃温水浸种 30min，等方法解决。

药剂防治：选用百菌清、代森锰锌等药剂叶面喷施 7d 1 次，连续交替用药喷 2~3 次，效果较好。

3. 细菌性病害　主要是软腐病，软腐病的防治实行两年以上轮作，选用抗病品种，无病土育苗，关键是控制好湿度，可抑制细菌性病害的发病。

4. 虫害　主要有蚜虫、斑潜蝇等。蚜虫用氯氟氰菊酯等药剂防治，潜叶蝇有普通潜叶蝇和美州斑潜蝇，此虫害近几年有加重发生的趋势，危害大，施用药剂有阿维菌素等，用药宜早不宜迟，也可以采用物理防治技术。

（七）收获销售

产品外观品质应达到的标准：生产的产品包括二个种类一是鲜食类型的黄秆西芹，要求株高 50~70cm，叶色翠绿，叶柄浅黄，实心，纤维细少，单株重量 200g 以上；二是加工类型的绿秆西芹，要求株高 40~60cm，叶色深绿，叶柄浅绿肥厚，单株重量 1 000 g 以上，达到以上标准即可收获上市。一般每亩产量可以达到 6 000~7 500kg左右。本地生产以黄秆西芹为主。

四、效益分析

（一）经济效益

应用西芹绿色生产技术，提高了产品的产量、品质，平均亩产量可达到 6 000 kg 以上，每千克按最低价 1.0 元计算，亩效益 6 000 元，扣除生产成本 1 500 元，纯效益至少 4 500 元。

（二）生态、社会效益

绿色蔬菜产业的发展，可以减少对化学农药、化肥的投入和投资，保护了环境具有良好的生态效益；绿色蔬菜产业的兴旺也带来了相关产业的蓬勃发展，带动流通服务行业（如捆菜、制冰、物流、包装等），吸纳季节性务工人数达 1.3 万多人，人均季节性收入 4 000 元。西芹产业已成为拉动全旗经济增长的支柱产业，效益显著，而且实现了种植区域化、生产专业化、服务社会化、产品名牌化、产销一体化的绿色西芹产业化生产格局，具有良好的社会效益。

五、适宜区域

锡林郭勒盟南部高海拔冷凉区。

六、技术依托单位

联系单位：锡林郭勒盟经济作物工作站

联系地址：锡林郭勒盟太仆寺旗宝昌镇建设北街 11 号

联 系 人：张煜杉

电子邮箱：nmxmds@163.com

七、技术模式

详见表 28。

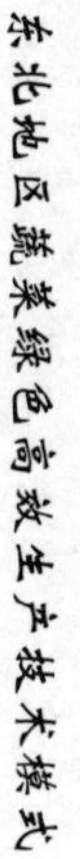

表 28　锡林郭勒西芹绿色高效生产技术模式

项目	3月			4月			5月			6月			7月			9月			9月		
	上	中	下	上	中	下	上	中	下	上	中	下	上	中	下	上	中	下	上	中	
生育期	育苗期、定植期									快速生长期						收获期					
主控对象	猝倒病、斑枯病									斑枯病（晚疫病）和叶斑病（早疫病）											
防治措施	药剂防治：选用百菌清药剂叶面喷施 7d1 次，连续交替用药喷 2~3 次。快速生长期选用百菌清、代森锰锌等药剂叶面喷施 7d1 次，连续交替用药喷 2~3 次，防斑枯病、叶斑病。潜叶蝇有普通潜叶蝇和美州斑潜蝇，此虫害近几年有加重发生的趋势，危害大，施用药剂有阿维菌素等																				
技术路线	1. 选用耐低温、抗逆性强、生长快、产量高、商品性能好的西芹优良品种，有“文图拉”“加州王”“高优它”“百利”“双港”等品种 2. 在整个西芹栽培中，防治病虫害是关键的生产技术环节，重点病害是斑枯病、虫害斑潜蝇。选用国家允许使用的生产绿色蔬菜的农药，农药的剂量、次数、安全间隔期必须严格的按照绿色蔬菜防治规程要求进行。病害选用百菌清、代森锰锌等药剂。虫害主要有蚜虫，斑潜蝇等。蚜虫用氯氟氰菊酯等药剂防治，潜叶蝇有普通潜叶蝇和美州斑潜蝇，此虫害近几年有加重发生的趋势，危害大，施用药剂有阿维菌素等，用药宜早不宜迟 3. 生理性病害：一般有烧心、空心、劈裂、烂心病等，主要原因是缺少微量元素和水分应用不当造成的。在合理浇水的同时注意施用微肥，尤其防止钙和硼元素缺乏，生产上叶面喷 0. 3%硝酸钙，0. 2%~0. 3%硼砂，连续喷 2~3 次																				
适用范围	适宜锡林郭勒盟南部高海拔冷凉区																				
经济效益	经济效益：平均亩产量可达到 6 000 kg 以上，每千克按最低价 1.0 元计算，亩效益 6 000 元，扣除生产成本 1 500 元，纯效益至少 4 500 元																				

第十二章

东北地区大白菜
绿色高效生产技术模式

大白菜绿色生产技术模式

一、技术概况

该技术在春播大白菜生产中，推广应用优良品种、栽培技术、病虫害防治技术、采收贮藏技术，重点推广使用耐抽薹品种、环境调控技术、频振式杀虫灯、黄黏板、生物农药及高效低毒低残留化学农药，从而达到耐抽薹、有效控制大白菜病虫害，确保大白菜产品优质、高产、质量安全，促进农民增产增收。

二、技术效果

春播大白菜抽薹率由原来的30%下降到2%以下，病虫害防效由原来的60%提高到90%以上，可为农民挽回损失40%，增产30%以上，使示范区农药施用量减少40%左右，减少投入和用工成本20%，农产品合格率达100%。通过培训和宣传，让农民掌握春播大白菜绿色生产和病虫害防控技术，提高农民安全生产意识。

三、技术路线

（一）品种选择

选用黄心、冬性强、耐低温并且抗早期抽薹的品种。可选用“金福来”“春光”“珠峰”“金碧春”“金峰”“金冠”等品种。

（二）栽培技术

1. *播期选择与温度控制*　大白菜属于春化敏感型的作物，萌动的种芽在3℃～13℃的低温下，经过10～30d即可完成春化阶段，温度愈低，愈能促使其花芽分化，加快抽薹开花。春季适合大白菜生长的时间（日均温10～22℃）较短，播种早，前期遇到低温通过春化，后期遇到高温长日照而未熟抽薹，不能形成叶球，而且春栽大白菜生长后期常遇到高温、多雨等恶劣天气，软腐病、霜霉病及蚜虫、小菜蛾、菜青虫等严重发生，导致大白菜减产或绝收；播种晚，结球期如遇到25℃以上的高温，又不易形成叶球，从而影响生产。因此春大白菜在生长过程中最低温度不宜低于13℃，而且要适当选择栽培方式及播种时期，播种时间选择寒尾暖头为宜，以利大白菜早出苗。

2. *大棚栽培技术要点*　利用单膜塑料大棚对大白菜进行反季节种植，既可填补大白菜初夏供应淡季，又可获取经济效益。一般采用大棚内套小拱棚育苗，定植于大棚的栽培方式。育苗畦宽1.5m，采用营养土方、营养钵（直径8cm）育苗。育苗时间为3月上中旬，幼苗期应注意保温，室温保持在13℃以上。适时定植，苗龄25～50d，5~6片真叶，棚内温度稳定在10℃以上时定植于大棚内，行株距60cm×（30～40）

cm，垄上覆盖地膜。棚内白天气温保持在 20~25℃，温度超过时应及时放风降温。夜间气温 12~20℃。在肥水管理上要一促到底，一般于缓苗后浇第一次水，在晴天上午浇，水量不可过大。植株进入莲座期时浇第二次水，每亩随水冲施尿素 20~25kg，氮、磷、钾三元复合肥 40~50kg。生长中后期大棚内应注意通风，适当增加浇水次数，以充分供给包心时对水分的吸收。

3. *地膜覆盖栽培技术要点*　一般在播种前 7~10d 挖好育苗畦，采用营养钵育苗，播种前育苗畦要浇透水。播期在 3 月下旬。采用点播的方式，播种前一周准备好育苗畦，并浇透水，覆盖小拱棚提高地温。播种时再用喷壶喷 30℃左右的温水补充水分。水渗下后，点播种子，播后覆 1cm 厚细土，加盖棚架后覆盖薄膜，夜间加盖草帘保温。从播种到出苗，应将温度控制在 20~25℃，以利发芽。从第一片真叶展开至幼苗长成，应使棚内温度白天保持在 20~25℃，夜间 12~20℃，要根据天气变化揭盖草帘，一般不通风，既要防止高温造成幼苗徒长，又要避免温度过低通过春化引起先期抽薹。在保证温度的前提下，要使苗子多见光，防止因光照不足而造成幼苗细弱。中后期逐步拆开地膜通风，进行炼苗，以利培育壮苗。育苗期间要间苗 1~2 次，当幼苗长至4~5 片真叶时准备定植。定植前整地、做垄、覆盖地膜。由于定植时温度尚低，因此应选择晴天进行，以利缓苗。定植时先将苗子从育苗畦中带土起出，放在垄间，要注意轻拿轻放，避免弄碎土坨，损坏根系。然后按株行距挖穴浇水，待水渗下以后，将苗放入穴内，立即覆土并平整垄面，覆土深度以不埋住幼苗子叶为宜。春大白菜定植时温度较低，缓苗前一般不浇水或少浇水，以利提高地温，促进缓苗。缓苗以后温度渐高，植株对肥水需求量越来越多，此后应一促到底，采用肥水齐攻，直至收获。

（三）病虫害防控技术

1. *物理防治*　实施频振式杀虫灯和黄黏板技术，消灭大量大白菜害虫成虫，降低虫口密度，减少农药的使用量。

（1）频振式杀虫灯：频振式杀虫灯杀虫机理是运用光、波、色、味四种诱杀方式杀灭害虫。近距离用光，远距离用波，加以黄色外壳和味，引诱害虫飞蛾扑灯，外配以频振高压电网触杀。在杀虫灯下套一只袋子，内装少量挥发性农药，可对少量未击毙的蛾子熏杀，从而达到杀灭成虫、降低田间产卵量、减少害虫基数、控制害虫为害蔬菜的目的。如在小菜蛾、菜螟、斜纹夜蛾等成虫羽化期，采用频振式灯光诱杀。可有效诱杀菜螟、小菜蛾、斜纹夜蛾及灯蛾类成虫。每盏灯诱虫有效范围是 130~150m，防控面积为 80~100 亩。

（2）黄黏板：黄黏板诱杀技术是利用昆虫的趋黄性诱杀农业害虫的一种物理防治技术。主要诱杀粉虱、斑潜蝇、蚜虫等害虫。粘虫板悬挂高度要高出植株顶部 20cm，一般情况下 25cm×40cm 粘虫板每亩悬挂 20 块。粘虫板悬挂时间要在蔬菜苗期和定植早期无虫害时进行悬挂以确保防治效果。

2. 药剂防治　有针对性的选择使用生物农药和高效低毒低残留的化学农药防治病虫害。

（1）防治虫害：蚜虫可用10%吡虫啉1 500倍液，或3%啶虫脒3 000倍液喷雾。农药交替使用，全生长期每种农药喷施1次。菜青虫可用苏云金杆菌乳剂或杀螟杆菌800~1 000倍液防治。农药交替使用，全生长期每种农药喷施1次。小菜蛾：3%啶虫脒乳油1 500倍液，2.5%多杀菌素悬浮剂1 500倍液，10%虫螨腈悬浮剂1 200~1 500倍液。农药交替使用，全生长期每种农药喷施1次。

（2）防治病害：软腐病可用噻唑锌20%悬浮剂发病初期，稀释500~800倍液喷雾。发病严重加大稀释倍数。间隔7d左右，连续防治2~3次。霜霉病可选用25%甲霜灵可湿性粉剂750倍液，或69%安克锰锌可湿性粉剂500~600倍液，或69%霜脲锰锌可湿性粉剂600~750倍液，或75%百菌清可湿性粉剂500倍液等喷雾。交替、轮换使用，7~10d 1次，连续防治2~3次。

四、效益分析

（一）经济效益分析

1. 大棚栽培　每亩投入生产资料费用：1 600元（其中棚膜1 000元，肥料200元，地膜60元，农药200元，营养基质140元）。人工费用900元（其中育苗费100元，定植费400元，采收费400元）。合计2 500元。

每亩可生产出优质净菜7 000~8 000kg，田间销售的批发价格一般为0.4~0.5元/kg，每亩销售收入可达到2 800~4 000元。

故每亩净收入为300~1 500元。

2. 地膜覆盖栽培　每亩投入生产资料费用：700元（其中棚膜100元，肥料200元，地膜60元，农药200元，营养基质140元）。人工费用900元（其中育苗费100元，定植费400元，采收费400元）。合计1 600元。

每亩可生产出优质净菜7 000~8 000 kg，田间销售的批发价格一般为0.3~0.4元/kg，每亩销售收入可达到2 100~3 200元。

故每亩净收入为500~1 600元。

（二）生态、社会效益分析

按此模式进行春播大白菜绿色生产，可以确保蔬菜生产安全、农产品质量安全和农田生态环境安全，为广大消费者提供绿色、营养、安全的大白菜产品，杜绝大白菜产品安全事故的发生，提高人们的健康水平。

五、适宜区域

辽宁省春播大白菜主产区。

六、技术依托单位

联系单位：辽宁省农业科学院蔬菜研究所

联系地址：沈阳市沈河区东陵路 84 号

联 系 人：王鑫

电子邮箱：liaoningbaicai@ 126. com

七、技术模式

详见表 29。

表 29　辽宁省大白菜绿色高效生产技术模式

项目		3月			4月			5月			6月		
		上	中	下	上	中	下	上	中	下	上	中	下
生育期	大棚栽培	播种期	育苗期		定植期	苗期	莲座期	结球期		收获期			
	小拱棚育苗露地定植栽培			播种期	育苗期		定植期	苗期	莲座期	结球期		收获期	
主控对象		通过低温春化导致未熟抽薹					蚜虫、菜青虫、小菜蛾等害虫，软腐病、霜霉病等病害						
防治措施		选种					黄粘板						
		调节播期					频振式杀虫灯						
		环境调控					药剂防治						
技术路线		1. 品种选择：选用生长期为50~60d，黄心、冬性强、耐低温并且抗早期抽薹的早熟类型品种 2. 栽培技术：播期选择与温度控制；大棚栽培技术；地膜覆盖栽培技术 3. 病虫害防控技术：物理防治实施频振式杀虫灯和黄黏板技术，消灭大量大白菜害虫成虫，降低虫口密度，减少农药的使用量。药剂防治有针对性的选择使用生物农药和高效低毒低残留的化学农药防治 4. 采收贮藏：春大白菜成熟后要及时采收，不要延误，以减少腐烂损失。采后及时放入冷库预冷，随后投放市场													
适用范围		辽宁省春季大白菜主产区											
经济效益		大棚栽培：每亩投入2 500元左右，每亩产出2 800~4 000元。每亩净收入为300~1500元 地膜覆盖栽培：每亩投入1 600元左右，每亩产出2 100~3 200元。每亩净收入为500~1 600元												